计算机辅助服饰设计教程

U0279681

卢亦军 编著

CorelDRAW & Photoshop
服装产品设计案例精选

中国纺织出版社

内 容 提 要

　　本书主要介绍了如何以 CorelDRAW 和 Photoshop 软件为工具进行服装产品色彩设计、款式设计、面料图案与肌理设计、服装效果图设计等，根据软件的功能特点、服装产品设计的要素特征，以案例形式演示软件操作的技巧。内容全面系统，案例突出典型、实用的特色，步骤清晰，有助于提高服装设计人员的动手能力和综合水平。

　　本书适合作为服装设计专业院校的教学用书和服装设计从业人员的培训教材，同时为服装设计同行提供丰富的操作实战指南。

图书在版编目（CIP）数据

CorelDRAW & Photoshop服装产品设计案例精选/卢亦军编著.—北京：中国纺织出版社，2013.5 （2021.8重印）
　　计算机辅助服饰设计教程
　ISBN 978-7-5064-9621-6

　Ⅰ.①C… 　Ⅱ.①卢… 　Ⅲ.①服装设计—计算机辅助设计—图像处理软件—教材 　Ⅳ.① TS941.26

　中国版本图书馆CIP数据核字（2013）第054828号

策划编辑：金　昊 　责任编辑：杨　勇 　责任校对：楼旭红
责任设计：何　建 　责任印制：何　艳

中国纺织出版社出版发行
地址：北京朝阳区百子湾东里A407号楼　邮政编码：100124
邮购电话：010—67004422 　传真：010—87155801
http：//www.c-textilep.com
E-mail：faxing@c-textilep.com
中国纺织出版社天猫旗舰店
北京通天印刷有限责任公司印刷　各地新华书店经销
2013年5月第1版　2021年8月第6次印刷
开本：787×1092　1/16　印张：12.5
字数：160千字　定价：36.00元

前　言

随着计算机技术的发展，各种绘图软件被广泛应用于服装设计领域。本书主要介绍 CorelDRAW 与 Photoshop 软件在服装产品设计领域中的应用。

CorelDRAW 绘制的图形容量非常小，并且具有可以任意缩放和以最高分辨率输出的特性，可以完美地再现服装设计中的面料、图案、文字、服饰配件等细节部分，是服装设计的一个重要工具。Photoshop 是位图图像处理经典软件，它的图像编辑和合成、色彩的校正、滤镜处理等强大的功能，擅长表现服装面料的多种质感，为服装设计师进行效果图的绘制提供了无限广泛的想象空间。

作者根据多年的作品设计与教学经验，采用循序渐进的教学方法，通过翔实的案例，详细介绍了服饰色彩设计、服装款式设计、服装面料设计以及服装设计拓展与效果图表现。本书操作性很强，读者能够根据书中介绍的操作步骤轻松完成实例的绘制。

本书还介绍了一些软件的基础知识和服装设计的基本理论，如服装色彩的计算机提取与搭配、时装画动态表现基础等，这些对于服装设计专业的学生和刚接触服装行业的初学者会有较大的帮助。

对于学习服装设计的学生而言，通过本书的学习可以更快地掌握服装产品设计的实际流程，书中每个案例代表性强，操作步骤简单，便于学生互相学习交流。不仅适合作为高等院校、高职教育等服装设计专业教材，也可作为社会培训机构的专业培训教程。

本书由卢亦军编著，在编写过程中得到了许多宁波企业设计人员的支持，特向他们致以真诚的感谢，参加本书编写的人员还有高飞寅、叶菀茵、张朝宇、张昭、丁利荣等。由于编者水平有限，书中难免还有一些疏漏之处，恳请广大读者批评指正。

卢亦军
2012 年 6 月

目录

第一章　计算机辅助服装产品设计基础

学习要点：
1. 计算机服装产品设计的表现概述
2. 常用设计软件界面与组件认识

第一节　CAD 服装产品设计表现概述

CAD 是 Computer Aided Design 的简称，即计算机辅助设计。CAD 服装产品设计，就是利用有关的数码设备和设计软件（图 1-1）来辅助完成服装款式设计的工作。随着数字化处理技术的发展，计算机作为一种快捷、高效的数字化设计工具已经逐渐被人们所熟悉。将服装的配色设计、廓型与局部设计、面料图案与肌理设计等构思借助计算机表达出来，与传统的设计方式相比，CAD 服装产品设计的设计过程便于复制与修改、拓展与交流。尤其在批量生产的模式下，将工作派送出去时就体现出 CAD 服装产品设计的优势，例如出款式、出花样稿。越清晰的效果图就越能在制作过程中减少错误。目前在服装设计的过程中常用设计软件有 CorelDRAW、Photoshop 等几种，有时单独使用，有时结合使用（图 1-2）。

图 1-1　数码设备

借助计算机数字化图形图像艺术，不仅能辅助服装设计师完成设计构思，而且能够丰富服装设计的表现语言。服装设计是运用恰当的造型语言、色彩语言、材质语言与装饰语言等，完成整个着装状态的创造性行为过程。在计算机技术日益发展的当今，众多国内外服装设计师，在作品中灵活运用计算机图形图像艺术，拓展生成独具特色的式样，在设计方面不断创新（图 1-3）。

计算机辅助服装设计能够以一种经济和快捷的方式为设计师提供一个表达设计构思和探索新创意的自由空间。目前，随着计算机图形图像艺术与计算机技术的成熟，计算机辅助的服饰语言成为表现服装创意的有效途径（图 1-4），也逐渐成为服装设计中最为时尚的设计语言之一。数字化技术的数码印染技艺在纺织服装设计中的应用，使服装呈现出前所未有的现代感（图 1-5）。

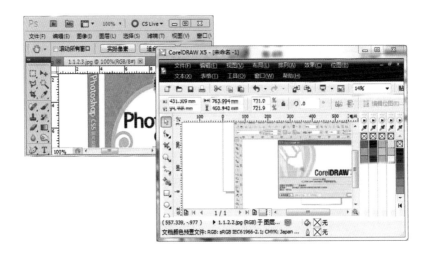

图 1-2　常用软件

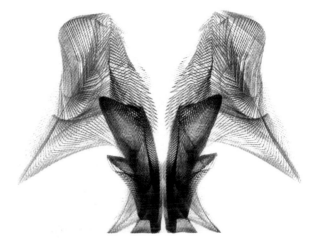

图 1-3　数字化造型创意

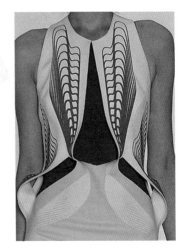

图 1-4　款式设计稿　　　　　　　　图 1-5　数字化创意图案

第二节　计算机辅助服装产品设计的形式美原理

计算机技术的图形图像生成具备与美的形式原理一致的编辑原理。计算机的编辑方法主要是对对象的变换处理，其中包括：对象的精确定位、对象的移动、对象的旋转、对象的缩放、对象的镜像变换、对象的倾斜等，通过图形的缩放、位置移动产生面积与比例的变化，形成均匀性和对比性。通过规律性复制手段，产生连续、有节奏感的图形等。此外应用调和工具，可以形成色彩与图案的渐变，从而产生服饰的节奏美感。通过调和色或对照色的模拟置入形成统一与变化的视觉效果。

任何完美的设计都是各设计元素统一与变化的共同体，19世纪德国著名心理学家费西那把美的形式原理概括为反复、旋律、渐变、比例、平衡、对比、协调、统一和强调九个方面。通常服装产品设计中的形式美法则主要包括：平衡、比例、节奏、呼应等方面的内容。

一、平衡美

在服装产品设计中，处理平衡美的方法一般有两种形式，一种是对称，另一种是均衡。

计算机技术产生平衡美效果的图形图像生成的关键手段，是对对象的变换处理，如镜像处理、旋转处理等。

对称是造型艺术中最基本、运用最为广泛的构成形式。从构成上看，对称是指图形或物体对某个点、直线或平面而言，在大小、形状和排列上具有一一对应关系。对称具有端庄、严肃、安静的特点，是服装造型设计中常用的一种形式美，一般分为轴对称、点对称、放射状对称等。轴对称显得严谨、大方。点对称、放射状对称显得较活泼（图1-6）。

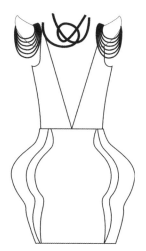

图1-6　对称设计

均衡也称不对称，是将造型元素进行非对称配置，以保持视觉和心理上的平衡。在服装产品设计中，可以通过口袋的大小与多少、装饰手段和色彩的配置来实现（图1-7）。

二、比例美

比例美是指对象各部分之间的均匀性和对比性。

计算机技术产生比例效果的图形图像生成的关键方法，有对象的缩放、定位与调和等。

世界上任何事物的形和色中都存在比例关系，如长与短、大与小、多与少等对比关系。在造型中则是指部分与整体、部分与部分之间的数量关系。其中也包括色彩的形状、大小、位置、明度、色相、饱和度等成比例的关系（图1-8）。

服装产品设计的比例美重点表现在服装上整体与局部、各局部之间的比例美。

三、节奏美

在服装产品设计中，节奏美是指造型或色彩发生有规律的连续不断的交替和重复，引导人在视觉与心理上产生有序的运动感（图1-9）。

计算机技术产生节奏效果的图形图像生成的关键方法，有复制与调和。

图 1-7　均衡设计

图 1-8　比例美

图 1-9　节奏美

在服装产品设计中，节奏的表现是多种多样的，主要在点、线、面的构成形式上，如纽扣或装饰点的规律性排列、线条有规律的变化、褶皱重复的频率、面料和图案的间断与连续、色彩的强弱和明暗层次的有序反复等。

四、呼应美

呼应美是指各设计要素之间相互呼应、相互联系所表现出来的一种形式美（图1-10）。

计算机技术产生呼应效果的图形图像生成的关键方法，有复制和移动。

呼应的运用可以使相关设计要素在形式上统一，可以用较少的设计要素获得复杂的表现效果，它是服装设计取得整体统一与协调美感的一种常用方法，常表现在造型形态的呼应、色彩的呼应、面料质感的呼应、装饰与图案的呼应等方面。

在计算机辅助设计技术中，巧妙使用对象的变换处理技术结合复制手段，能较好地表达出设计中的平衡美、比例美、节奏美和呼应美。

图 1-10　呼应

第三节 设计软件简介

在服装产品设计中，CorelDRAW 是最为常用的款式设计软件之一，在表达平面结构图的绘制上具有十分重要的优势，该软件带有对位图的效果处理功能，能够表现服装图案与肌理的效果。Photoshop 软件的优势是图像的处理，在服装效果图的处理上能真实地反映光影效果，是很好的图像效果处理软件。下面以 CorelDRAW 为主介绍。

一、CorelDRAW 界面组件

启动 CorelDRAW 程序，进入界面，CorelDRAW 操作界面简洁明了，包括如下部分：标题栏、菜单栏、标准工具栏、属性栏、工具箱、状态栏、调色板、标尺、绘图页、绘图窗口、泊坞窗、导航器等（图 1-11）。

（1）标题栏：程序最上方的是标题栏，显示当前应用程序的名称和正在编辑的文档名称。

（2）菜单栏：标题栏下面就是菜单栏，提供了 12 个菜单项。

（3）标准工具栏：菜单栏下方是属性栏，提供了各种常用的命令按钮。

（4）工具属性栏：标准工具栏下方是属性栏，当选择不同的工具或操作对象时，属性栏显示的内容会发生相应的变化。没选择任何对象时，属性栏提供文档版面布局信息。

（5）工具箱：在程序窗口的左边竖向排列，工具箱是经常使用的编辑、绘图工具，并将近似的工具组合在一起。

（6）状态栏：状态栏位于工作区的下方，显示当前工作区中正在编辑或被选中对象的相关信息。

（7）调色板：调色板位于工作区的右边竖向排列；系统默认使用的是 CMYK 调色板。单击可以快速选择轮廓色和填充色。

（8）标尺和绘图页：标尺是帮助精确地绘制、缩放和对齐对象的参考和辅助工具；绘图页是用于绘制图形的区域。

（9）绘图窗口：是指绘图页以外的区域。

（10）泊坞窗：可以设置显示或隐藏具有不同功能的控制面板，方便用户操作。

（11）导航器：工作区左下角和右下角分别是页面导航器和对象导航器；导航器可以进行多页文档的管理和迅速找到绘图窗口外的对象。

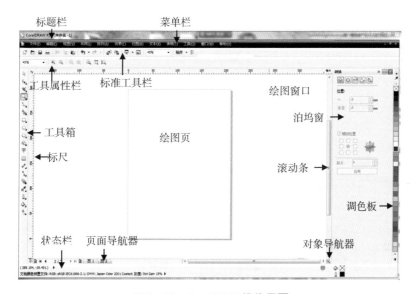

图 1-11 CorelDRAW 操作界面

二、CorelDRAW 菜单栏

CorelDRAW X5 带有 12 个菜单选项的主要功能（图 1–12）。

文件(F) 编辑(E) 视图(V) 布局(L) 排列(A) 效果(C) 位图(B) 文本(X) 表格(T) 工具(O) 窗口(W) 帮助(H)

图 1–12 菜单栏

1. 文件菜单

文件菜单 CorelDRAW X5 中最常用的，如文件的打开、保存、导入、导出、打印等，菜单展开后的各项如图 1–13 所示。

2. 编辑菜单

编辑菜单提供如复制、剪切、粘贴、删除、撤销、再制等命令，菜单展开后的各项如图 1–14 所示。

3. 视图菜单

视图菜单提供多种视图的显示模式，菜单展开后的各项如图 1–15 所示。

4. 布局菜单

布局菜单用来设置页面大小、页面背景等，菜单展开后的各项如图 1–16 所示。

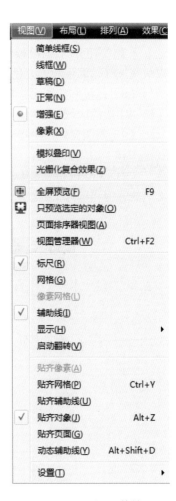

图 1–13　文件菜单　　　　　图 1–14　编辑菜单　　　　　图 1–15　视图菜单

5. 排列菜单

　　菜单展开后的各项如图 1–17 所示，排列菜单提供对象的各种排列功能，如移动、旋转、镜像、倾斜、对齐、分布、排序、群组、结合、锁定对象、解除锁定对象、焊接造型、修剪造型、相交造型、转换为曲线、将轮廓转换为对象、闭合路径等功能。

6. 效果菜单

　　效果菜单提供调整图框精确裁剪等功能，菜单展开后的各项如图 1–18 所示。

图 1–16　布局菜单

图 1–17　排列菜单

图 1–18　效果菜单

7. 位图菜单

　　位图菜单可以进行各种图片处理，菜单展开后的各项如图 1–19 所示。

8. 文本菜单

　　文本菜单可以创建美术字或段落文本，菜单展开后的各项如图 1–20 所示。

9. 表格菜单

　　表格菜单可以绘制、选择和编辑表格（图 1–21）。

10. 工具菜单

　　工具菜单管理泊坞窗的显示与隐藏，其中包括创建图案填充、调色板编辑（图 1–22）。

11. 窗口菜单

　　窗口菜单提供各种窗口的排列显示方式以及调色板、泊坞窗、工具栏的显示与隐藏，菜单展开后的各项如图 1–23 所示。

12. 帮助菜单

帮助菜单提供新增加功能介绍及帮助等，菜单展开后的各项如图1-24所示。

图1-19 位图菜单

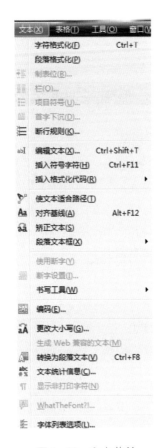

图1-20 文本菜单

图1-21 表格菜单

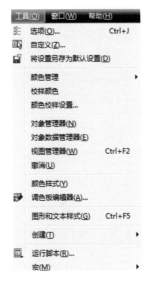

图1-22 工具

图1-23 窗口

图1-24 帮助

三、CorelDRAW 工具箱

工具箱是经常使用的编辑、绘图工具，并将近似的工具组合在一起（图 1-25）。

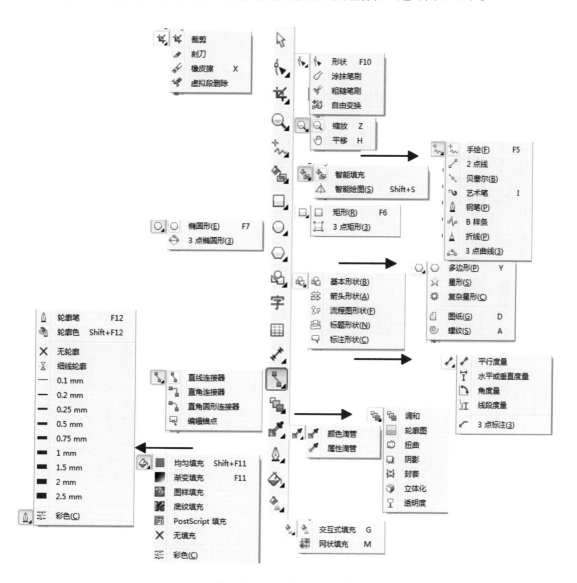

图 1-25　CorelDRAW 工具箱

1. 挑选工具

挑选工具用来选择和设置对象大小，以及倾斜和旋转对象。选择时可以点选也可以拖动鼠标框选多个对象。

2. 形状工具组（图 1-26）

（1）形状工具：选择、编辑对象的形状、节点以及调整文本的字、行间距。

（2）涂抹笔刷工具：沿矢量对象的轮廓拖动对象而使其变形，并通过将位图拖出其路径而使位图变形。

（3）粗糙笔刷工具：单击对象并拖动鼠标可在对象上应用粗糙效果。

（4）自由变换工具：使用自由旋转、角度旋转、缩放和倾斜来变换对象。

3. 裁剪工具组、橡皮擦工具组（图 1-27）

（1）裁剪工具：裁切图形对象。

（2）刻刀工具：可以将对象分割成多个部分，但不会使对象的任何一部分消失。

（3）橡皮擦工具：可以改变、分割选定的对象和路径。

（4）虚拟段删除工具：移除对象上重叠的段。

4. 缩放工具组（图 1-28）

（1）缩放工具：更改文档窗口的缩放级别。

（2）平移工具：通过平移来显示和查看绘图的特定区域。

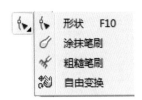　　　　

图 1-26　形状工具组　　　　图 1-27　裁剪工具组　　　　图 1-28　缩放工具组

5. 路径工具组（图 1-29）

（1）手绘工具：徒手绘制单个的选段或者曲线。

（2）2 点线工具：连接起点和终点绘制一条直线。

（3）贝塞尔工具：通过调整曲线、节点的位置、方形以及切线来绘制曲线。

（4）艺术笔工具：可以使用笔刷、喷灌、书法和压力绘制。

（5）钢笔工具：通过定位节点或者调整节点的手柄来绘制折线和弧线。

（6）B 样条工具：通过描绘曲线的控制点来绘制曲线。

（7）折线工具：一步绘制连接的折线与直线。

（8）3 点曲线工具：通过定位起始点、结束点和中心点来绘制曲线。

6. 智能填充工具组（图 1-30）

（1）智能填充工具：在边缘重叠区域创建对象并进行填充。

（2）智能绘图工具：将手绘笔触转换为基本形状和平滑曲线。

7. 矩形工具组（图 1-31）

（1）矩形工具：拖动工具绘制正方形和矩形。

（2）3 点矩形工具：以一定的角度来绘制矩形。

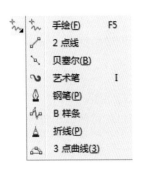　　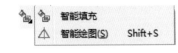　　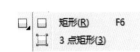

图 1-29　路径工具组　　　　图 1-30　智能填充工具组　　　　图 1-31　矩形工具组

8. 椭圆形工具组（图1-32）

（1）椭圆形工具：拖动工具绘制圆形和椭圆形。

（2）3点椭圆形工具：以一定的角度来绘制椭圆形。

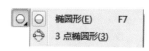

图1-32 椭圆形工具组

9. 多边形工具组（图1-33）

（1）多边形工具：绘制多边形。

（2）星形工具：绘制规则的、带轮廓的星形。

（3）复杂星形工具：绘制带有交叉边的星形。

（4）图纸工具：绘制网格。

（5）螺纹工具：绘制螺纹。

10. 基本形状工具组（图1-34）

（1）基本形状工具：绘制三角形、平行四边形等。

（2）箭头形状工具：绘制各种形状和方向的箭头。

（3）流程图形状工具：绘制流程图符号。

（4）标题形状工具：绘制标题形状。

（5）标注形状工具：绘制标注形状。

图1-33 多边形工具组

11. 文本工具

文本工具：添加和编辑段落和美术字。

12. 表格工具

表格工具：可以创建表格、选择和编辑表格。

图1-34 基本形状工具组

13. 交互式调和工具组（图1-35）

（1）交互式调和：可以使两个对象在形状与颜色之间产生过渡。

（2）交互式轮廓：向内向外创建出对象的多条轮廓线。

（3）交互式变形：对对象应用推拉变形、拉链变形或扭曲变形。

（4）交互式阴影：产生各种类型的阴影效果。

（5）交互式封套：拖动封套上的节点使对象变形。

（6）交互式立体化：制作三维立体效果。

（7）交互式透明：改变对象颜色的透明程度。

14. 滴管工具组（图1-36）

（1）滴管工具：从绘图窗口的任意图形对象上选取颜色。

（2）属性滴管：复制对象属性并应用。

15. 轮廓工具组（图1-37）

（1）轮廓笔对话框：设置轮廓的粗细、颜色和样式。

（2）轮廓笔颜色对话框：快速进入轮廓画笔对话框。

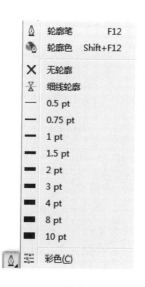

图1-37 轮廓工具组

图1-35 交互式调和工具组

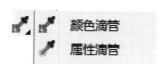

图1-36 滴管工具组

图 1-38　填充工具组

（3）无轮廓：使图形对象边框无颜色。

（4）细线轮廓：细线是概念性的而不是实际宽度。

（5）轮廓线设置的不同宽度值。

16. 填充工具组（图 1-38）

（1）均匀填充工具：给图形对象填充颜色。

（2）渐变填充工具：给图形对象填充渐变色。

（3）图样填充工具：用软件提供或自己定义的图案填充图形对象。

（4）底纹填充工具：给图形对象填充模仿自然界的物体或其他的纹理效果。

（5）PostScript 填充工具：是一种特殊的图案填充方式，填充的图案是矢量图而不是位图。

（6）无填充工具：使图形对象无填充颜色。

（7）颜色泊坞窗：打开颜色泊坞窗，调节色彩滑块自定义颜色。

17. 交互式填充工具组（图 1-39）

（1）交互式填充工具：对图形对象实现各种填充。

（2）交互式网状填充工具：在对象上创建复杂多变的网格，可以将网格中的每个节点填充颜色，各个节点之间的颜色是柔和渐变的。

18. 平行度量工具组（图 1-40）

平行度量工具：绘制倾斜度量线。

19. 直线连接器工具组（图 1-41）

直线连接器工具：在两个对象之间画一条直线连接两者。

图 1-39　交互式填充工具组

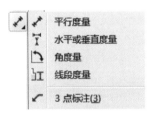

图 1-40　平行度量工具组

图 1-41　直线连接工具组

四、CorelDRAW 常用对话框与泊坞窗

CorelDRAW X5 中包含了不同类型及功能的泊坞窗控制面板，在此介绍几种常用的对话框和泊坞窗。

（一）CorelDRAW 常用对话框

1. 图形的导入

执行菜单栏中【文件 / 导入】命令或者按【Ctrl+I】快捷键，弹出"导入"对话框，如图 1-42 所示。在"文件名"栏中选择要导入的文件，单击导入。

在设计中，如果只是需要位图中的一部分，我们可以选择"裁剪并导入"的选项进行裁剪图像。

2. 图形的保存

首次保存时，执行菜单栏中【文件 / 保存】命令或者按【Ctrl+S】快捷键，会弹出"保存绘图"

对话框，如图 1-43 所示。在"文件名"栏中输入要保存的文件名，在"保存类型"中选择要保存的文件类型。另外执行菜单栏中【文件 / 另存为】命令或者按【Ctrl+Shift+S】快捷键，也会弹出"保存绘图"对话框 。

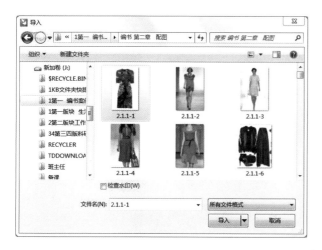

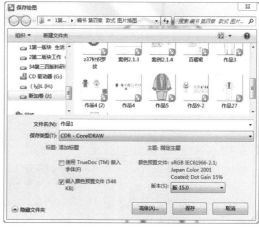

图 1-42　图形导入对话框　　　　　　　　　图 1-43　保存图形对话框

3. 图形的导出

执行菜单栏中【文件 / 导出】命令或者按【Ctrl+E】快捷键，弹出"导出"对话框，如图 1-44 所示。在"文件名"栏中选择要导出的文件，在"文件类型"中选择要导出的文件类型。

4. 轮廓笔对话框

选择图形，单击工具箱中的轮廓笔工具或者按【F12】键，弹出"轮廓笔"对话框，如图 1-45 所示。

图 1-44　导出对话框　　　　　　　　　图 1-45　轮廓笔对话框

5. 轮廓颜色对话框

选择图形，单击工具箱中的轮廓笔工具或者按【F12】键，弹出"轮廓笔"对话框，如图1-46所示。

6. 填充对话框

选择图形，单击工具箱中的均匀填充工具或者按【Shift+F11】快捷键，弹出"均匀填充"对话框，如图1-47所示。选择图形，单击工具箱中填充工具的"渐变填充工具"或者按【F11】键，弹出"渐变填充"对话框，如图1-48所示。工具箱中的填充工具还包括"图样填充"对话框（图1-49）、"底纹填充"对话框（图1-50）、"PostScript底纹"对话框（图1-51）。

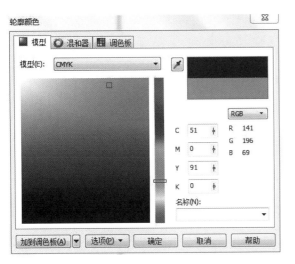

图1-46　轮廓颜色对话框　　　　　　　　图1-47　均匀填充对话框

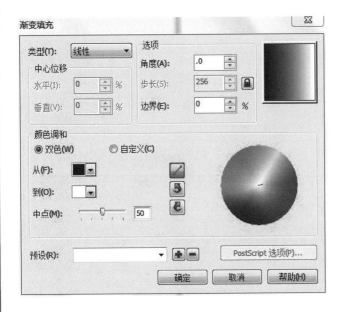

图1-48　渐变填充对话框

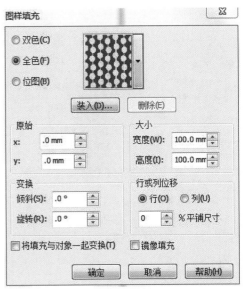

图1-49　图样填充对话框

图1-50 底纹填充对话框　　　　　　　　图1-51 PostScript底纹对话框

7. "对齐与分布"对话框

选择要对齐的图形，单击属性栏中的【对齐与分布】按钮，弹出"对齐与分布"对话框，如图1-52所示。

图1-52 对齐与分布对话框

（二）CorelDRAW泊坞窗

1. 变换泊坞窗

单击菜单栏【窗口】/【泊坞窗】/【变换】/【旋转】，弹出"变换"泊坞窗，在变换泊坞窗里包含了位置变换、旋转变换、缩放和镜像变换、大小变换、倾斜变换5个功能命令，如图1-53所示。

2. 造型泊坞窗

单击菜单栏【窗口】/【泊坞窗】/【造型】，弹出"造型"泊坞窗，如图1-54所示。焊接、修剪、相交是常用的造型手段与方法。

3. 颜色泊坞窗

单击工具箱中的颜色，弹出颜色泊坞窗，如图1-55所示。在颜色泊坞窗包括CMYK、RGB、HSB等多种色彩模式。

图 1-53　转换泊坞窗　　　　　图 1-54　造型泊坞窗　　　　　图 1-55　颜色泊坞窗

五、Photoshop 介绍

（一）界面与工具箱

启动 Photoshop，新建一个文档后，将出现如图 1-56 所示的操作界面，从图中可以看出，窗口由以下几个部分构成。

1. 界面

图 1-56　Photoshop 操作界面

2. 工具箱

工具箱是经常使用的编辑、绘图工具，并将近似的工具组合在一起（图 1-57）。

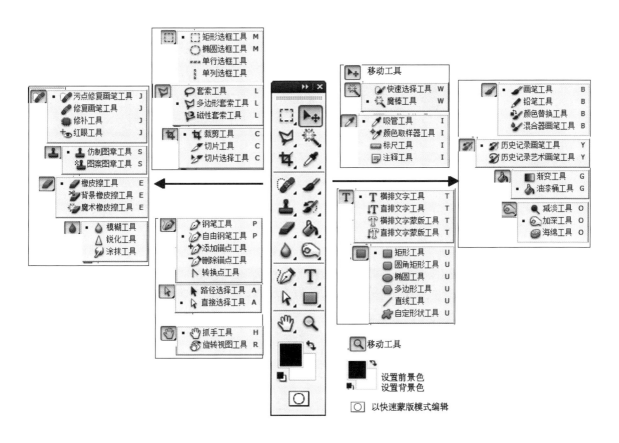

图 1-57　Photoshop 工具箱

（二）Photoshop 颜色填充

在进行服装色彩设计时，对图像色彩的设置很重要。如何利用拾色器、【色板】浮动面板等工具来进行服装颜色的设置，是利用 Photoshop 进行服装设计的必要环节。

1. 拾色器

拾色器是用来设置图像图层的前景色和背景色的。在工具箱中，单击设置前景色和背景色的按钮，弹出如图 1-58 所示的【拾色器】对话框。

2. 【颜色】浮动面板

利用【颜色】浮动面板便于快捷的选取填充所需的服装颜色（图 1-59）。

3. 【色板】浮动面板

在工具箱中的按钮设置前景色即可变成所需的颜色。在【色板】底部单击【创建前景色的新面板】按钮，即可将前景色添加到色板中（图 1-60）。

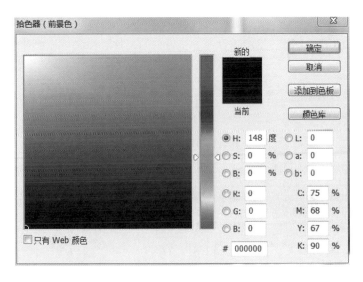

图 1-58　拾色器

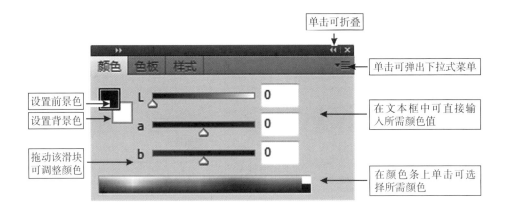

图 1-59　颜色浮动面板

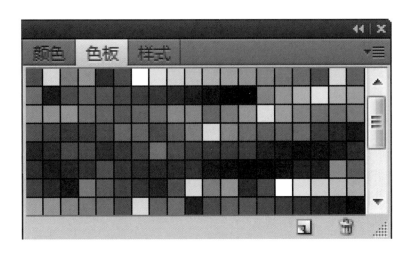

图 1-60　色板浮动面板

4. 【油漆桶工具】

可用前景色或图案来对需要进行颜色填充的区域着色。单击工具箱上的油漆桶工具，便会在选项栏上显示它相应的选项（图1-61）。在【填充】下拉列表中选择所需的选项即可。如果选择【图案】，则【图案】下拉列表成激活状态。在图案后单击三角按钮，会弹出如图所示的浮动面板窗口。在此可以选择所需的图案（图1-62）。

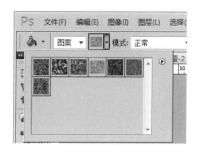

图1-61　油漆桶工具　　　　　　　　　　　　　　图1-62　油漆桶图案列表

（三）Photoshop图像颜色的调整

通过Photoshop中色调和色彩功能，可以很容易地调整图像的对比度、色相、纯度、明度，并结合数据的设置，可以相当精确地控制色彩变化。

1. 色阶

在菜单栏中执行【图像/调整/色阶】命令，弹出如图1-63所示对话框。拖动色调的三个滑块，可以降低或者增加图像的暗调、中间色和高光。在Photoshop X5中可以通过创建色阶图层（图1-64），按图1-65所示参数适当调整，完成色阶调整效果（图1-66）。

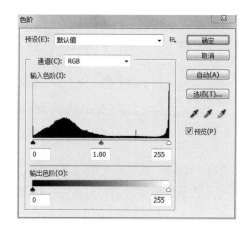

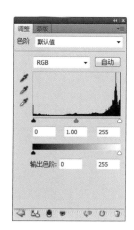

图1-63　色阶调整对话框　　　　　　　图1-64　色阶图层　　　　　　　图1-65　图层色阶调整

图 1-66　色阶调整效果

2. 曲线

在菜单栏中执行【图像 / 调整 / 曲线】命令，弹出如图 1-67 所示对话框。【曲线】对话框调整图像整个色调范围，有效地调整图像的色调。在 Photoshop X5 中可以通过创建曲线调整图层（图 1-68），按图 1-69 所示参数适当调整完成色调调整。

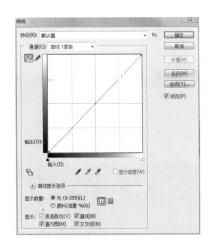

图 1-67　曲线调整对话框　　　　　图 1-68　曲线图层　　　　　图 1-69　曲线图层调整

3. 亮度 / 对比度

在菜单栏中执行【图像 / 调整 / 亮度 / 对比度】命令，弹出如图 1-70 所示对话框。【亮度 / 对比度】命令是对色调范围进行简单调整的最简便方法。拖动滑块可以一次性调整图像中的所有高光、暗调和中间调。在 Photoshop X5 中可以通过创建亮度 / 对比度图层（图 1-71），按图 1-72 所示参数适当完成亮度 / 对比度调整。

图 1-70　亮度 / 对比度调整对话框　　　　图 1-71　亮度 / 对比度图层　　　图 1-72　亮度 / 对比图层调整

4. 色相 / 饱和度

在菜单栏中执行【图像 / 调整 / 色相 / 饱和度】命令，弹出如图 1-73 所示对话框。【色相 / 饱和度】命令可以调整整个图像或图像中单个颜色成分的色相、饱和度和明度。在 Photoshop X5 中可以通过创建图层色相/饱和度图层（图 1-74），按图 1-75 所示参数适当调整，完成色相/饱和度调整效果（图 1-76）。

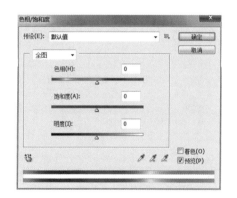

图 1-73　色相 / 饱和度对话框　　　　　　图 1-74　色相 / 饱和度调整图层

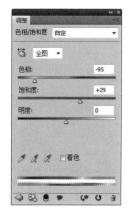

图 1-75　图层色相 / 饱和度调整　　　　　图 1-76　色相 / 饱和度调整效果

（四）Photoshop 滤镜使用

Photoshop 的滤镜对于色彩与肌理有着魔幻般的效果，巧妙运用，可以发挥丰富想象力，能设计出好的作品。介绍几种在服装设计中经常运用的滤镜效果，以此举一反三（图 1-77）。

1. 风格化滤镜

风格化滤镜的滤镜组件如图 1-78 所示。

如图 1-79 为原图。图 1-80 为该组风格化滤镜对话框参数设置及处理后的效果。

图 1-81 为该组浮雕效果滤镜对话框参数设置及处理后的效果。

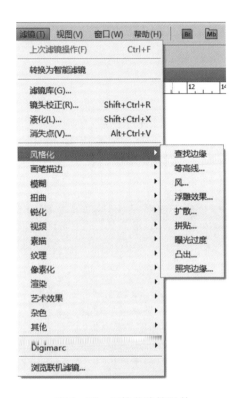

图 1-77　滤镜　　　　　　　　　　　　　　　　图 1-78　风格化滤镜组件

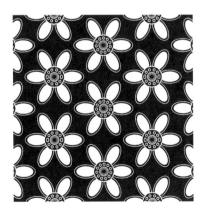

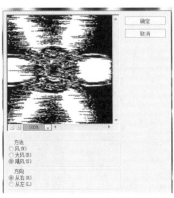

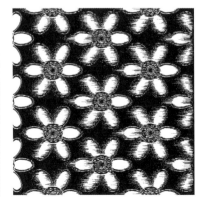

图 1-79　原图　　　　　　　　　　　　　　　图 1-80　风格化滤镜话框及效果

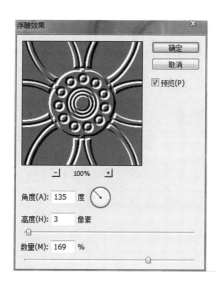

图 1-81 浮雕效果对话框及效果

2. 模糊滤镜

模糊滤镜的滤镜组件如图 1-82 所示。

如图 1-83 为原图。图 1-84 为该组高斯模糊滤镜对话框参数设置及处理后的效果。

图 1-85 为该组动感模糊滤镜对话框参数设置及处理后的效果。

图 1-86 为该组经向模糊滤镜对话框参数设置及处理后的效果。

图 1-82 模糊滤镜组件

图 1-83 原图

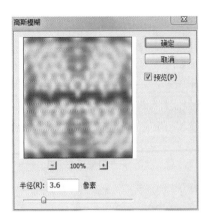
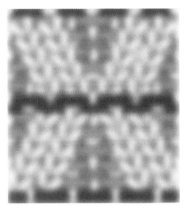

图 1-84　高斯模糊滤镜对话框及效果

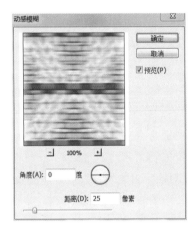
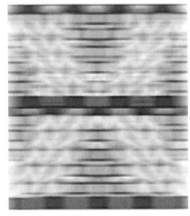

图 1-85　动感模糊滤镜对话框及效果

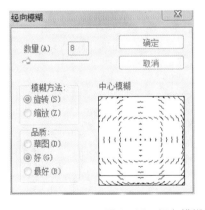

图 1-86　经向模糊对话框及效果

3. 杂色滤镜

杂色滤镜的滤镜组件如图 1-87 所示。

如图 1-88 为原图。图 1-89 为该组添加杂色滤镜对话框参数设置及处理后的效果。

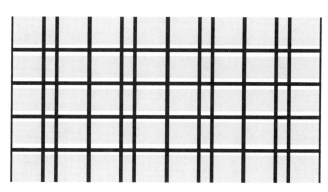

图 1-87　杂色滤镜组件　　　　　　　　　　　　　图 1-88　原图

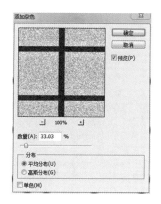

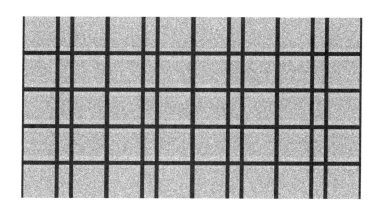

图 1-89　添加杂色滤镜对话框及效果

图 1-90 为该组中间值滤镜对话框参数设置及处理后的效果。

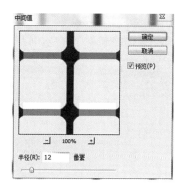

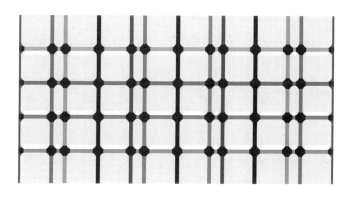

图 1-90　中间值滤镜对话框及效果

图 1-91　纹理滤镜组件

4. 纹理滤镜

纹理滤镜的滤镜组件如图 1-91 所示。

如图 1-92 为原图。图 1-93 为该组马赛克拼贴滤镜对话框参数设置及处理后的效果。

图 1-94 为该组染色玻璃滤镜对话框参数设置及处理后的效果。

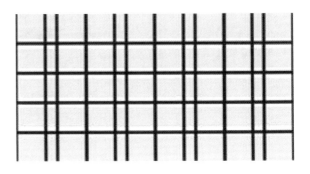

图 1-92　原图

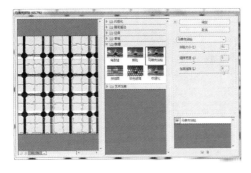
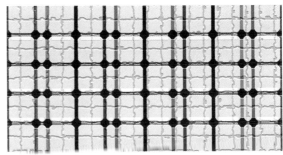

图 1-93　马赛克拼贴滤镜对话框及效果

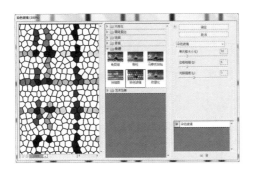
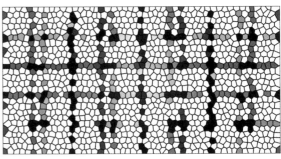

图 1-94　染色玻璃滤镜对话框及效果

5. 像素化滤镜

像素化滤镜的滤镜组件如图 1-95 所示。

如图 1-96 为原图。图 1-97 为该组点状化滤镜对话框参数设置及处理后的效果。

图 1-95 像素化滤镜组件

图 1-96 原图

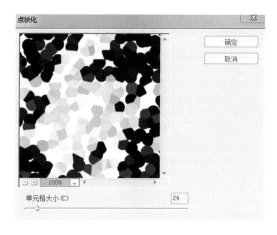

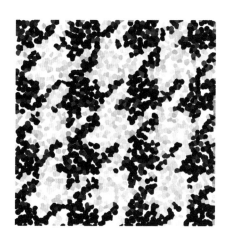

图 1-97 点状化滤镜对话框及效果

图 1-98 为该组晶格化滤镜对话框参数设置及处理后的效果。

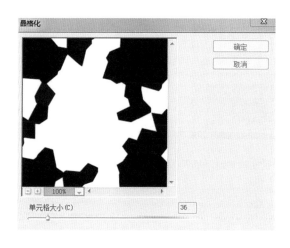

图 1-98 晶格化滤镜对话框及效果

6. 艺术效果滤镜

艺术效果滤镜的滤镜组件如图 1-99 所示。

如图 1-100 为原图。图 1-101 为该组塑料包装滤镜对话框参数设置及处理后的效果。

图 1-99　艺术效果滤镜组件

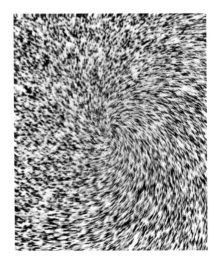

图 1-100　原图

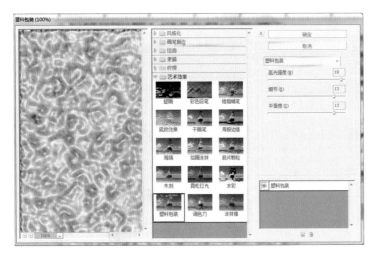

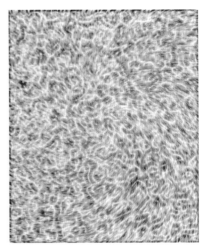

图 1-101　塑料包装滤镜对话框及效果

图 1-102 为该组绘画涂抹滤镜对话框参数设置及处理后的效果。

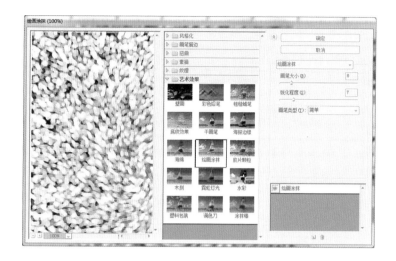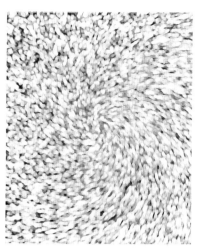

图 1-102　绘画涂抹滤镜对话框及效果

图 1-103 为该组壁画滤镜对话框参数设置及处理后的效果。

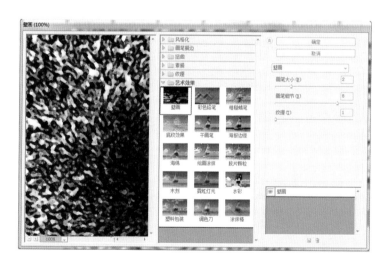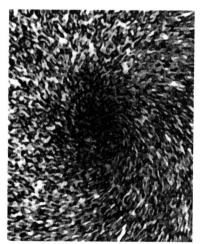

图 1-103　壁画滤镜对话框及效果

小结：

本章概述性地介绍了计算机辅助服装产品设计的表现以及服装产品设计美原理。对 CorelDRAW 重点介绍了工具、常用对话框和泊坞窗。对 Photoshop 软件重点介绍了图像颜色调整及几种重要滤镜的处理功能。

第二章　服装产品色彩设计

学习要点：
1.整理色彩的常识与工具
2.产品色彩的计算机设计

第一节　整理色彩的常识与工具

一、科学整理色彩的常识

　　色彩是服饰中最响亮的视觉语言。调整面、辅料可能会大大增加服装的造价，而色彩却能够在不增加任何费用的基础上改变服装的视觉效果。色彩可以将意境、感情融入设计。在时尚界中部分品牌拥有自己的专属色，如夏奈尔的黑白色、朗万的蓝色。要有效地利用色彩设计，设计师必须要掌握色彩的意义与作用，科学整理与运用色彩。

1. 色彩三属性与三原色

　　色相：色彩名称的专业用语。如蓝色、绿色都是不同的色相。

　　明度：指颜色的深浅程度。通过加入白色，颜色变浅，加入黑色，颜色就加深。

　　纯度：是指颜色的饱和程度。通过加入灰色，颜色变暗淡。纯度越高，色彩越鲜艳。如翠绿、宝蓝。

　　色彩三原色，又称为第一次色，即任何颜色都无法调配出来的色彩。色相环中三原色是红色、黄色、蓝色（图2-1）。

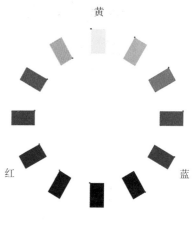

图2-1　色相环

2. 色彩的情感

　　色彩的情感是由于人们长期生活在色彩世界中，积累了许多视觉经验，视觉经验与外来色彩刺激产生呼应时，就会在心理上引出某种情绪。下面分别介绍不同色彩的情感。

　　红色：红色光波长最长，最容易引起别人的注意，同时给视觉以迫近感和扩张感，成为前进色。红色能使人兴奋、激动、紧张，还给人艳丽、芬芳、青春、富有生命力、饱满、成熟、富有营养的印象（图2-2）。

　　橙色：是十分欢快、活泼的光辉色彩，是温色系中最温暖的色。橙色稍稍混入黑色或白色，会成为一种稳重、含蓄又明快的暖色；但混入较多黑色，就会成为一种焦急的颜色；橙色中加入较多的白色会使人感觉有甜腻的味道（图2-3）。

　　黄色：是亮度最高的颜色，在高明度下能保持很强的纯度。黄色光的光感最强，给人明亮、辉煌、灿烂、愉快、亲切、柔和的印象；同时又容易引起味美的条件反射，给人以甜美感、香酥感（图2-4）。

　　绿色：鲜艳的绿色给人美丽、优雅、宽容、大度的印象；黄绿色给人单纯、年轻的印象；蓝绿色使人感觉清秀、豁达；含灰的绿色也是一种宁静、平和的颜色（图2-5）。

　　蓝色：是博大的色彩，是永恒的象征；蓝色是最冷的颜色，在夏天会使人感到清凉；蓝色给人平静、崇高、深远、纯洁、透明、智慧的感觉（图 2-6）。

　　紫色：紫色光波长最短，人眼对紫色光的细微变化分辨力弱，容易感到疲劳；紫色给人高贵、优越、奢华、优雅、流动、不安的感觉；灰暗的紫色则给人伤痛、疾病的感觉，容易造成心理的忧郁、痛苦不安。因为紫色时而有胁迫性，时而有鼓舞性，所以在设计中要慎重使用（图 2-7）。

图 2-2　红色

图 2-3　橙色

图 2-4　黄色

图 2-5　绿色

图 2-6　蓝色

图 2-7　紫色

黑、白、灰色：无彩色在心理上与有彩色具有同样价值。黑色和白色代表色彩的阴极和阳极。黑色意味空无，而白色意味无尽的可能性。黑白两色是极端对立的颜色，却具有共性。白色和黑色都可以表达对死亡的恐惧和悲哀，都具有不可超越的虚幻与无限的精神。灰色是最被动的颜色，它是彻底的中性色，灰色一旦靠近鲜艳的暖色，就会显出冷静的品格；若靠近冷色，则变为温和的暖灰色（图2-8）。

图 2-8　黑色、白色、灰色

3. 色彩的搭配色调

色调：是色彩的基本倾向，是色彩的整体外观的一个重要特征，是色相、明度和纯度的三要素综合产生的结果。搭配色彩关键在于把握色调。

色调的分类，按色相可分为红色调、黄色调、绿色调、蓝色调等；依据明度分为亮色调、中明度色调、暗色调；依据纯度可分为清色调、浊色调等；依据色彩的冷暖可分为冷色调和暖色调。

服装设计师需要从现有的面料色彩组合来选择最适合且最能体现服装系列效果的色彩。要决定哪种色彩最符合他们的设计，同时要决定应该采用怎样的色调调和。色调调和的考虑观点可以整理为"统一"与"变化"。从色相角度来看，同一色、类似色、邻近色组合形成统一的配色关系；对比色、互补色组合形成变化的配色关系（图2-9）。从色调图分析，同一色调、类似色调配色形成统一的配色组合；对照色调配色形成变化的配色组合（图2-10）。另外还有有彩色和无彩色配合、无彩色与无彩色组合的配色关系。

图 2-9　对比色搭配

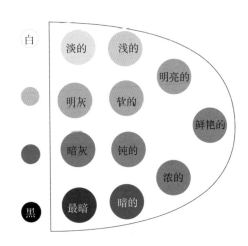

图 2-10　色调图

　　配色是追求色彩组合的美感，但是成功与否与配色目的能否明确有着密切的关系。色彩的选择受到设计主题和季节需要的支配。整个系列的颜色选择可以根据当下的流行趋势、客户的要求、设计师的选择或灵感等。设计师可以将灵感源中的色彩结合潘通（PANTONE）纺织色样标准系统开展工作。在服装制造业和纺织业中最为广泛的标准色彩模式之一——"潘通色彩体系"是在"以色相、明度及纯度来测定颜色"理论的基础上发展而来的。潘通体系能精确地标出六位数字，以显示颜色在色相环上的位置（前两位数字）、与黑白对比出的明度（中间两位数字）、纯度（最后两位数字），许多计算机设计软件都包含潘通色彩体系。使用了这个体系，印染师将你的作品按照精确的要求重复生产就可成为现实。

二、计算机色彩填充与编辑

（一）CorelDRAW 颜色填充

1. 调色板填充

　　系统默认的是 CMYK 调色板和 RGB 调色板（图 2-11）。左键单击调色板上的颜色可以为对象填充颜色；右键单击调色板上的颜色可以为对象填充轮廓线颜色。在调色板中的某种颜色上单击鼠标左键等待几秒，会显示一组与该颜色相近的颜色，可以从中选择更多的颜色，如图 2-12 所示。

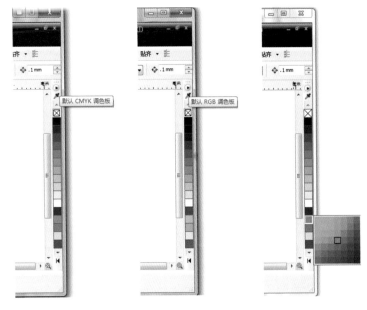

图 2-11　默认 CMYK 调色板和 RGB 调色板　　　图 2-12　子色盘

2. 颜色填充对话框填充

执行工具箱【填充】/【均匀填充】，可以打开颜色模型编辑器，如图2-13所示。通过调节其中的选项，能够直观、准确地编辑所需要的颜色。

3. 用颜色滴管工具填充

【颜色滴管】工具在属性栏提供"取色"、"填充"的辅助工具，吸管工具取色和颜料桶工具填充。如图2-14所示。使用这两种工作，可以将一个对象的颜色填充复制到另外一个图形对象上。

单击工具箱中的"吸管工具"，选择颜色滴管选项，在原对象上任意位置单击鼠标左键吸取颜色，将鼠标指针移动要填充的目标对象上，单击鼠标左键即可将吸取的颜色填充到对象上。单击【Ctrl】键，可以在选择颜色图标与应用颜色图标间切换。

图2-13　颜色填充对话框

图2-14　颜色滴管工具

4. 渐变填充对话框

执行工具箱中的【填充】/【渐变填充】，可以使填充的颜色从一种颜色向另一种颜色过渡。颜色渐变填充界面如图2-15所示。在此编辑器中，可以设置颜色渐变的类型、方向、过渡的步数等。

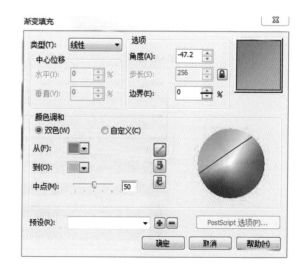

图2-15　渐变填充对话框

图 2-16　颜色工具

5．颜色泊坞窗

　　单击工具箱【填充】/【颜色】（图 2-16），弹出颜色泊坞窗，在颜色泊坞窗中包括颜色滑块、颜色查看器、调色板三种显示形式（图 2-17）。

 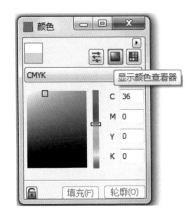 

图 2-17　三种显示形式

（二）Photoshop 颜色编辑

1．拾色器颜色编辑

　　拾色器的功能和 CorelDRAW 软件的颜色模型编辑器相似，可以准确地编辑所需要的颜色，界面如图 2-18 所示。颜色库可以选择预先提供在色库中的颜色进行填充。

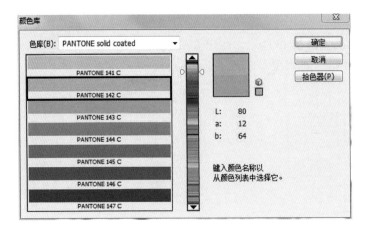

图 2-18　颜色库

2. 颜色调板编辑

利用颜色调板，能轻松地编辑颜色，通过输入各颜色的值，可以准确地设计出所需的颜色（图 2-19）。如果单击颜色调板右上角的三角形标志，系统将打开快捷菜单，还可以选用其他颜色模式（图 2-20）。

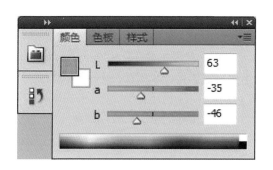

图 2-19 颜色调板   图 2-20 颜色调板快捷菜单

3. 色板调色编辑

色板调色的功能和 CorelDRAW 软件调色板编辑器的功能相似，可以直接在预先系统中设置好调色板选颜色（图 2-21）。

4. 渐变颜色编辑器

渐变工具可以创建多种颜色间的逐渐混合（图 2-22）。在工具箱中选择渐变工具，在图像中从起点拖到终点就可以绘制一个渐变。

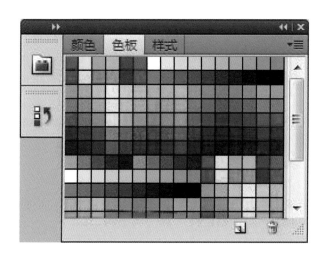

图 2-21 色板调色   图 2-22 渐变颜色编辑器

第二节　计算机色彩设计

案例一、12 色相环制作

在 CorelDRAW 软件中制作，最后完成效果如图 2-23 所示。

12 色相环是一个基本工具，它由三原色、三间色和六种第三次色组成。三原色是红色、黄色和蓝色，它们被均匀分布在色相环中。间色是橙色、绿色和紫色。第三次色是红橙色、橙黄色、黄绿色、绿蓝色、蓝紫色和紫红色。

1. 制作 12 个色相环位置

（1）单击工具箱中的【矩形】工具，绘制一个矩形。按住鼠标左键，从左侧标尺栏拖条辅助线。辅助线要经过中心的位置，选中绘制好的矩形，单击鼠标左键并把矩形的中心点向下移到一定位置，单击【+】键复制图形，在属性栏中设置旋转角度为 30°，单击【Enter】键，如图 2-24 所示。

图 2-23　12 色相环

（2）重复按 10 次【Ctrl+D】组合键，完成 12 个圆形排列的矩形，效果如图 2-25 所示。

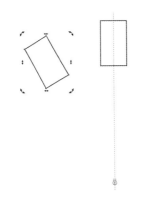

图 2-24　色相方块制作

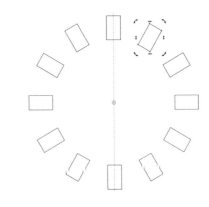

图 2-25　色相环位置

2. 填充 12 色相

（1）单击工具箱中的【挑选工具】，选中对象，执行单击工具箱【填充】/【颜色】，如图 2-26 所示；弹出颜色泊坞窗，打开"颜色"泊坞窗，在颜色模式下拉列表中选择的 CMYK 模式，在泊坞窗中设置精确的颜色参数如图 2-27 所示，红色：CMYK 值（32,100,41,0）；单击"确定"按钮即可填充，效果如图 2-28 所示。

（2）重复两次（1）步骤，完成三原色制作。三原色红色、黄色、蓝色，被均匀分布在色相环中，间隔三个颜色，如图 2-29 所示。颜色具体参数，黄色：CMYK 值（0,0,100,0），蓝色：CMYK 值（100,38,45,0），如图 2-30 所示。

（3）重复三次（1）步骤，完成三间色制作（图 2-31）。三间色是橙色、绿色和紫色。颜色具体参数，紫色：CMYK 值（96,100,30,0）；绿色：CMYK 值（82,0,100,0）；橙色：CMYK 值（0,69,100,0），如图 2-32 所示。

（4）重复六次（1）、（2）、（3）步骤，完成第三次色制作。第三次色又称为复色，分别是红橙色、橙黄色、黄绿色、绿蓝色、蓝紫色和紫红色。完成效果如图 2-33 所示。颜色具体参数，红橙色：CMYK 值（0,100,57,0）；橙黄色：CMYK 值（0,31,100,0）；黄绿色：CMYK 值（40,0,100,0）；绿蓝色：CMYK 值（100,20,100,0）；蓝紫色：CMYK 值（100,82,20,0）；紫红色：CMYK 值（69,100,12,0）。

图 2-26　颜色工具

图 2-27　CMYK 模式颜色查看器

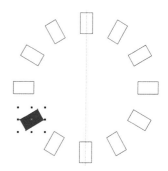

图 2-28　填色效果

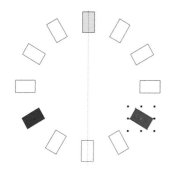

图 2-29　三原色填充

图 2-30　颜色查看器

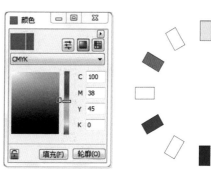

图 2-31　三间色填入

图 2-32　颜色查看器

3. 12 色相调色板

（1）单击【挑选工具】并按住【Shift】键，全选文件中的所有色彩，执行菜单栏中的【窗口】/【调色板】/【通过选定的颜色创建调色板】命令，如图 2-34 所示；弹出"保存调色板为"对话框，在"文件名"栏中输入要保存的文件名为"12 色相环"调色板，如图 2-35 所示。

（2）单击保存按钮，在工作区的右边会弹出刚才设置的"12 色相环"调色板（图 2-36）。

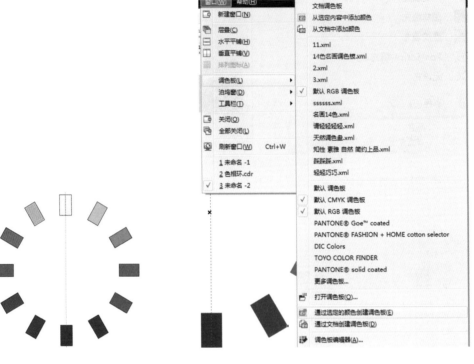

图 2-33　三复色填入　　　　　　　　　　　图 2-34　创建调色板命令

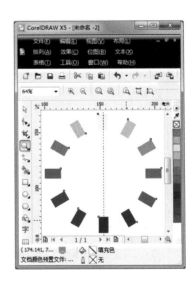

图 2-35　保存调色板　　　　　　　　　　　图 2-36　完成调色板

案例二、色调图制作

在 CorelDRAW 软件中制作，最后完成效果如图 2-37 所示。

色调图显示了明度和纯度的变化，可以归为四大色调区，即明色区、暗色区、浅柔和色区、深柔和色区，如图 2-38 所示。

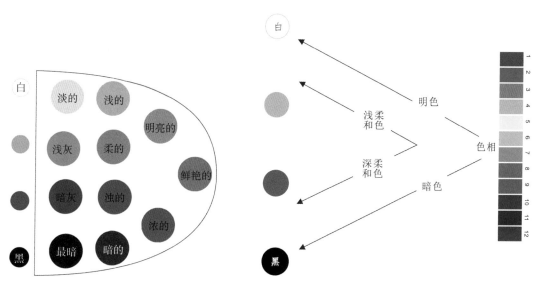

图 2-37　色调图　　　　　　　　　　　　　　图 2-38　四大色调区

1. 制作 11 色调位置图

（1）单击【椭圆形工具】，绘制一个圆形，单击【矩形工具】，绘制一个方形，在属性栏选择【相交】造型（图 2-39），完成效果如图 2-40 所示。

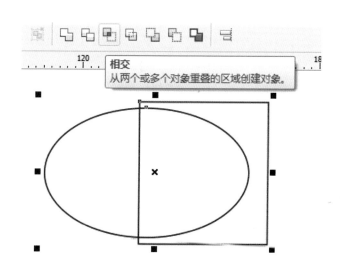

图 2-39　色调底板图制作

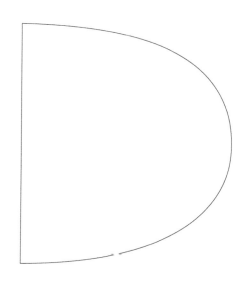

图 2-40　色调底板图

（2）完成色调位置布局，绘制圆形布局如图 2-41 在明度轴四色从上向下色彩分别设置为 CMYK（0,0,0,0）；CMYK（0,0,0,30）；CMYK（0,0,0,70）；CMYK（100,100,100,100）。

（3）单击工具箱中的【文字工具】，单击文字输入位置，输入文字"鲜艳的"；分别标注文字，明色区三个：明亮的、浅的、淡的；暗色区三个：浓的、暗的、最暗的；如图，浅柔和色区两个：柔的、浅灰的；深柔和色区两个：浊的、暗灰的。完成如图 2-42 所示色调名。

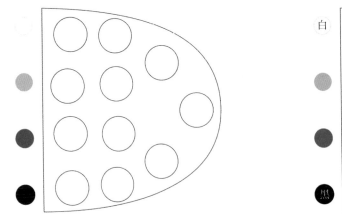

图 2-41 色调明度轴

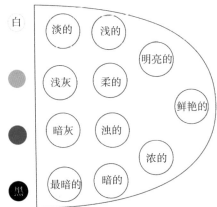

图 2-42 色调名

2. 在 11 个色调区填入色彩

（1）单击工具箱中的【挑选工具】，选中标注为"鲜艳的"的圆形对象，执行【窗口】/【泊坞窗】/【颜色】命令，打开【颜色】泊坞窗，在颜色模式下拉列表中选择 CMYK 模式，在【泊坞窗】中设置精确的颜色参数，颜色：CMYK 值（0,65,100,0）如图 2-43 所示，单击"填充"按钮即可填充，填充效果如图 2-44 所示。

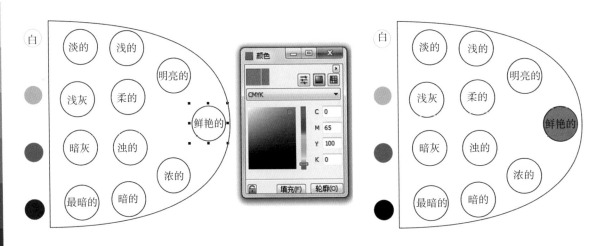

图 2-43 颜色参数设置

图 2-44 颜色填充效果

（2）单击工具箱中的【挑选工具】，选中标注为"明亮的"的圆形对象，在【颜色】泊坞窗颜色查看器中选择单击，如图 2-45 所示；单击"填充"按钮即可填充，填充效果如图 2-46 所示。

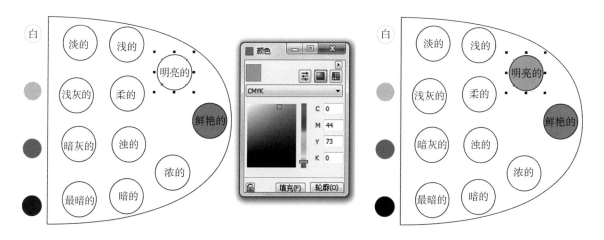

图 2-45　颜色参数设置　　　　　　　　　　　　　　　　图 2-46　颜色填充效果

（3）重复步骤（1），完成色调图其他色调的制作，如图 2-47 所示。颜色具体参数如下所示。图 2-48 所显示各色调在颜色查看器中所对应相对位置。

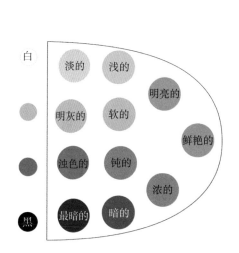

图 2-47　色调图完成

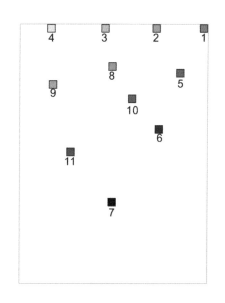

图 2-48　颜色查看器中位置

具体位置对照参数为：

位置 1. 鲜艳的　颜色：CMYK 值（0,60,100,0）

位置 2. 明亮的　颜色：CMYK 值（0,44,73,0）

位置 3. 浅的　　颜色：CMYK 值（0,31,51,0）

位置 4. 淡的 颜色：CMYK 值（0,14,23,0）

位置 5. 浓的 颜色：CMYK 值（27,65,100,0）

位置 6. 暗的 颜色：CMYK 值（51,81,100,22）

位置 7. 最暗的 颜色：CMYK 值（64,84,100,55）

位置 8. 柔的 颜色：CMYK 值（20,38,56,0）

位置 9. 浅灰的 颜色：CMYK 值（30,31,36,0）

位置 10. 浊的 颜色：CMYK 值（42,57,81,1）

位置 11. 暗灰的 颜色：CMYK 值（64,84,100,55）

3. 完成保存

执行菜单命令中【文件】/【保存】命令，弹出"保存绘图"对话框，如图 2-49 所示。输入文件名"色调图"，在"保存类型"栏中选择要保存的文件类型。单击"保存"按钮完成。

图 2-49 保存

案例三、"名画"色相环

在 CorelDRAW 软件中制作，最后完成效果如图 2-50 所示。

为确定一个服饰系列或范围的颜色，可以选取一个与所选主题相联系的图像或照片，然后选取尽可能多的颜色，当作调色板的起点。从调色板选出服饰系列的颜色，由浅到深或者由冷到暖分类。便于我们通常所说的色彩组合，这个色彩范围要与原照片尽可能保持一致很重要。要注意，不要选择相似的颜色来相互竞争。

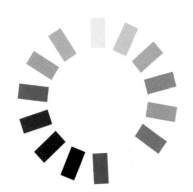

图 2-50 "名画"色相环

1. 从"名画"提取 14 色

完成效果如图 2-51 所示。

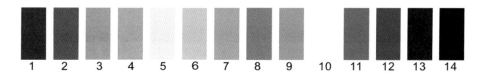

图 2-51　名画提取 14 色

（1）制作 14 个空白色块。单击工具箱中的【矩形工具】，绘制一个矩形；按【+】键复制图形并将图形移到右方，如图 2-52 所示。

图 2-52　色块制作

（2）单击工具箱中的【交互式调和】工具，单击左方的矩形，往右拖动鼠标至右方矩形执行调和操作，在属性栏中设置调和的步数为 12，如图 2-53 所示。

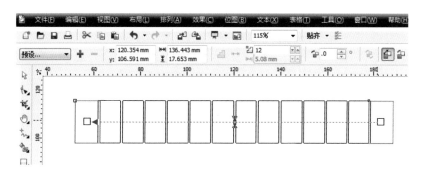

图 2-53　交互式调和操作

（3）执行菜单栏中的【排列】/【拆分调和群组】命令，如图 2-54 所示。

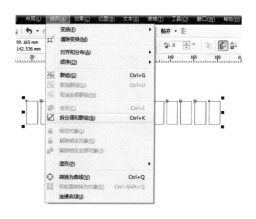

图 2-54　拆分调和群组

（4）选择调和组中间部分，单击属性栏中的【取消群组】按钮 ⬚ 取消群组（图 2-55），在色块下方标注数字，如图 2-56 所示。

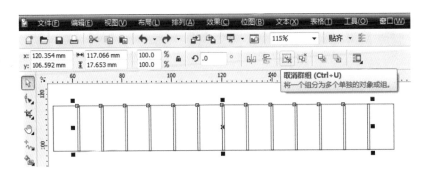

图 2-55　取消群组

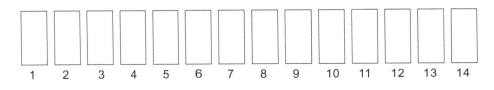

图 2-56　色块位置图

2. 完成名画色彩提取

（1）导入图片"名画"，执行菜单栏中的【文件】/【导入】命令，弹出"导入"对话框，如图 2-57 所示。在"文件名"栏中选择要导入的文件，在"文件类型"栏中选择要导入的文件类型，单击导入，导入图如图 2-58 所示。

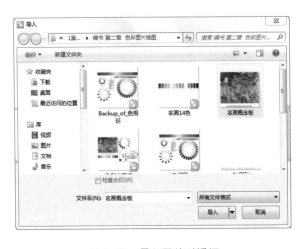

图 2-57　导入图片对话框

图 2-58　导入图

（2）滴管工具提取选色，单击工具箱中的滴管工具右下角的三角形按钮，在弹出的隐藏工具组中单击【颜色滴管】按钮，如图2-59所示，在导入图上单击鼠标左键吸取颜色，如图2-60所示。

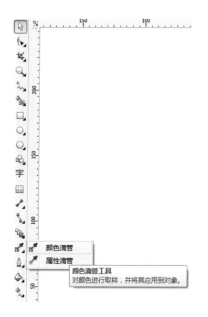

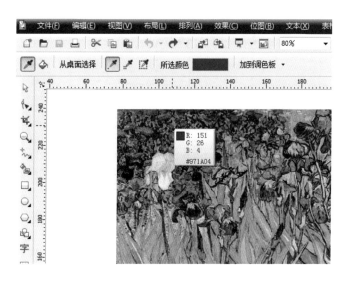

图2-59　颜色滴管工具

图2-60　吸管吸取颜色

（3）将鼠标指针移动到要填充的目标位置上，单击鼠标左键即可将吸取的颜色填充到对象上，如图2-61所示。

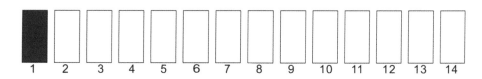

图2-61　颜色填充效果

（4）再次使用【颜色滴管】工具【选择颜色】，可以按住【Shift】键，切换成【选择颜色】进行选色，在导入图上单击鼠标左键吸取颜色，如图2-62所示。

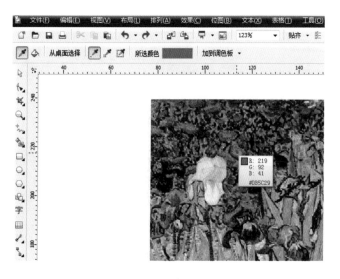

图2-62　吸管吸取颜色

（5）放掉【Shift】键，将鼠标指针移动到要填充的目标位置上，单击鼠标左键即可将吸取的颜色填充到对象上，如图2-63所示。

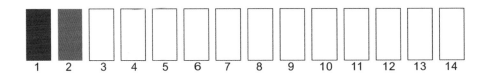

图2-63 颜色填充效果

（6）重复步骤（4）、（5），完成其他12色，完成效果如图2-64所示；提取导入图代表14色的参数如下：

位置：1 颜色：RGB值（151,26,4）；　　　位置：2 颜色：RGB值（219,92,41）；

位置：3 颜色：RGB值（342,182,36）；　　位置：4 颜色：RGB值（232,195,125）；

位置：5 颜色：RGB值（250,235,204）；　　位置：6 颜色：RGB值（230,220,123）；

位置：7 颜色：RGB值（184,199, 104）；　　位置：8 颜色：RGB值（124,172,60)；

位置：9 颜色：RGB值（112,190,203)；　　 位置：10 颜色：RGB值（240,247, 255)；

位置：11 颜色：RGB值（79,140,197)；　　 位置：12 颜色：RGB值（70,99,139)；

位置：13 颜色：RGB值（51,44,62)；　　　 位置：14 颜色：RGB值（14,24,25)。

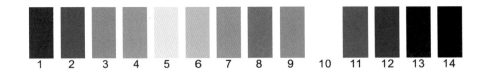

图2-64 完成"名画"14色

3. "名画"色相环

（1）色相环制作。操作方法同"12色相环"制作，在属性栏中设置旋转角度设置为25.7°（图2-65），重复按12次【Ctrl+D】组合键。完成14色相环位置图，效果如图2-66所示。

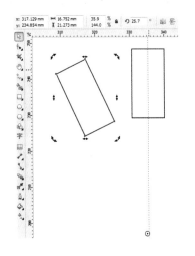

图2-65 旋转复制

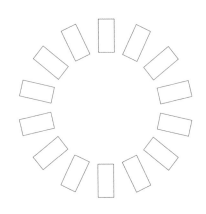

图2-66 14色相环位置图

（2）名画14色置入，单击工具箱中的滴管工具右下角的三角形按钮，在弹出的隐藏工具组中单击【颜色滴管】按钮（图2-67），在14色组的色块上单击鼠标左键吸取颜色，如图2-68所示。

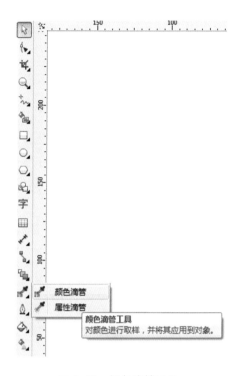

图 2-67　颜色滴管工具

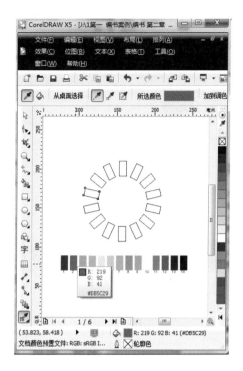

图 2-68　吸管吸取颜色

（3）将鼠标指针移动到要填充的目标位置上，单击鼠标左键即可将吸取的颜色填充到对象上，如图2-69所示。

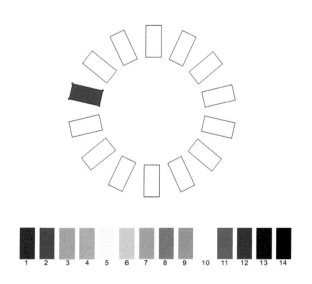

图 2-69　颜色填充效果

（4）再次使用【颜色滴管】工具选择颜色，可以按住【Shift】键，切换成【选择颜色】进行选色，在导入图上单击鼠标左键吸取颜色，如图 2-70 所示。放掉【Shift】键，将鼠标指针移动到要填充的目标位置上，单击鼠标左键即可将吸取的颜色填充到对象上，如图 2-71 所示。

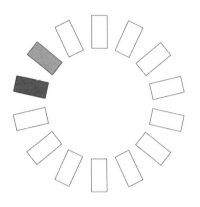

图 2-71 颜色填充效果

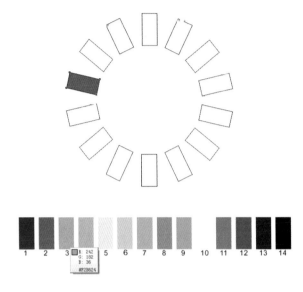

图 2-70 吸管吸取颜色

（5）重复步骤（3）、（4），完成其他 12 色，完成效果如图 2-72 所示。

4. 完成保存

执行菜单命令中【文件】/【保存】命令，在"文件名"栏中输入文件名"名画色相环"，在"保存类型"栏中选择要保存的 CDR 格式类型，单击"保存"完成（图 2-73）。

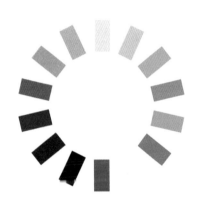

图 2-72 "名画"14 色相环

图 2-73 保存对话框

案例四、"名画"色调图

依据色调图，形成"名画 14 色"的色调图。在 CorelDRAW 软件中制作，最后完成效果如图 2-74 所示。

（1）用矩形工具、圆形工具完成"色调位置图"，导入"色调图"作为参考，如图 2-75 所示。

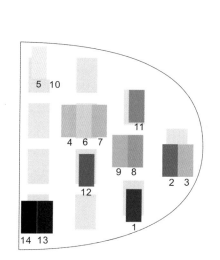

图 2-74　"名画"色调图

图 2-75　色调位置图

（2）导入"名画"14 色，取消群组（图 2-76）。

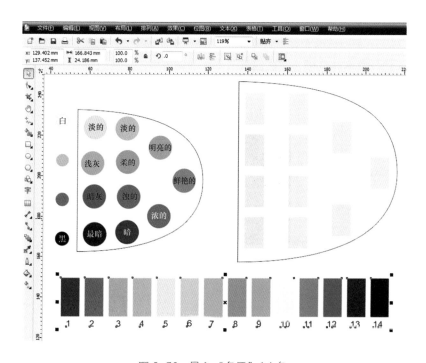

图 2-76　导入"名画"14 色

（3）对照"色调图"，把取消群组的"名画14色组"的色块移动到合适的色调位置上。完成"名画色调图" 效果如图 2-77 所示，保存为"名画色调图"（图 2-78）。

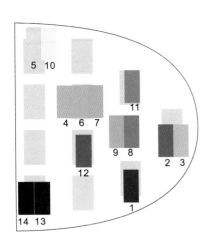

图 2-77　"名画"色调图

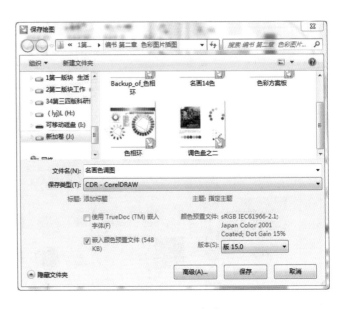

图 2-78　保存

案例五、基本色调制作

有了 CAD，设计师就不用再依靠偶尔才能调出最佳色彩样板，CAD 可以用来测试各种色彩组合效果。利用数字化技术计算机及色彩采集整合，能达到快捷重构色彩的目的。吸取和借鉴选定对象艺术的精华，丰富创意，寻求新的色彩形式。借助数字化，能够让原来混沌、感性的色彩设计变得简便、有序。通过数字化色彩提取，以自己的感悟创造新的色彩配置，有效地减少服装设计样衣的制作成本。在成衣的色彩设计中，软件自带有 CMYK、RGB 等色板，但我们还可以根据自己的需求来创建自定义调色板，方便对服装色彩的配色填充，操作方法如下。

选用"名画14色"案例调色板，完成四组基本色调调色板："淡色调"、"暗色调"、"柔色调"、"强色调" 调色板。在 CorelDRAW 软件中制作，完成效果如图 2-79 所示。

图 2-79　四组基本调色板

1. 制作空白色组

（1）单击工具箱中的【矩形工具】，绘制三个矩形。竖向排列如图 2-80 所示。

（2）按 3 次【+】键复制三个图形，并将图形移到右方，如图 2-81 所示。

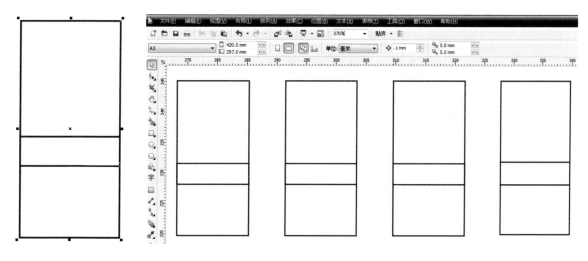

图 2-80　矩形绘制　　　　　　　　　　　　图 2-81　复制

2. 完成淡色调

（1）在色调图中选择最浅的三个色彩搭配一组。其中分离色、副调色、基调色各占 5%、25%、70%；参考名画色调图，得出最佳搭配方案，色彩参数设置如下。

分离色：位置：6　颜色：RGB 值（230,220,123）；

副调色：位置：5　颜色：RGB 值（250,235,204）；

基调色：位置：10　颜色：RGB 值（240,247,255）。

（2）用【颜色滴管】工具填充，在"名画"色调图的色块，位置：10　颜色：RGB 值（240,247,255) 上单击鼠标左键吸取颜色，将鼠标指针移动到要填充的目标位置上，如图 2-82 所示；单击鼠标左键即可将吸取的颜色填充到对象上，如图 2-83 所示。

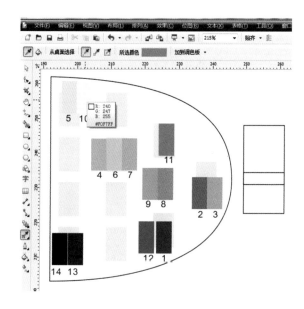

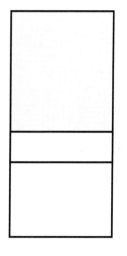

图 2-82　吸管吸取颜色　　　　　　　　　图 2-83　完成一种色彩填色

（3）再次使用【颜色滴管】工具选择颜色，可以按住【Shift】键切换成"选择颜色"进行选色，放掉【Shift】键，将鼠标指针移动到要填充的目标位置上，单击鼠标左键即可将吸取的颜色填充到对象上。完成位置：5　颜色：RGB 值（250,235,204）、位置：6　颜色：RGB 值（230,220,123）色彩填充，如图 2-84 所示；　单击挑选工具全选，单击属性栏中的【群组】按钮，右键单击调色板去除外轮廓线，完成淡色调色彩组合，如图 2-85 所示。

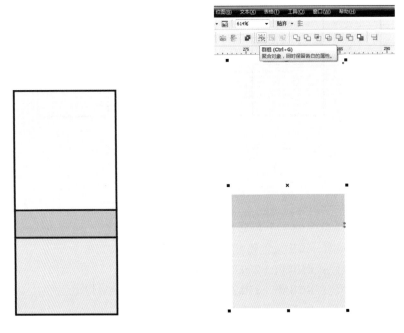

图 2-84　完成三种色彩填色　　　　图 2-85　群组、去除轮廓

3. 制作自定义淡色调调色板

（1）单击挑选工具并按住【Shift】键全选淡色调组，执行菜单栏中的【窗口】/【调色板】/【通过选定的颜色创建调色板】命令，弹出"保存调色板为"对话框，在"文件名"档中输入要保存的文件名为"淡色调"调色板，如图 2-86 所示。

图 2-86　保存

（2）单击保存按钮，在工作区的右边会弹出刚才设置的"淡色调"调色板（图2-87）。

4. 完成暗色调

（1）在色调图中选择最暗的三个色彩搭配一组。其中分离色、副调色、基调色各占5%、25%、70%；参考"名画"色调图，得出最佳搭配方案。颜色参数设置如下：

分离色：位置：12　颜色：RGB值（70,99,139)；

副调色：位置：13　颜色：RGB值（51,44,62);

基调色：位置：14　颜色：RGB值（14,24,25);

（2）执行菜单栏中的【窗口】/【调色板】/【通过选定的颜色创建调色板】命令，完成暗色调调色板（图2-88）。

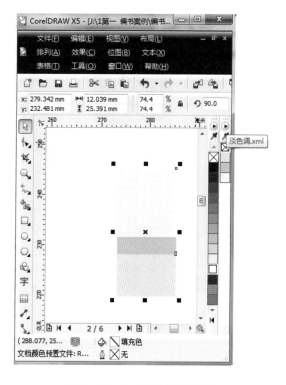

图2-87　完成淡色调调色板

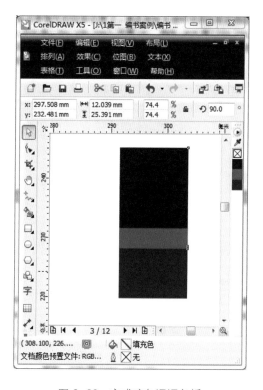

图2-88　完成暗色调调色板

5. 完成柔色调

（1）在色调图中选择柔和的三个色彩搭配一组。其中分离色、副调色、基调色分别占5%、25%、70%；参考"名画"色调图，得出最佳搭配方案。颜色参数设置如下：

分离色：位置：6　颜色：RGB值（230,220,123）；

副调色：位置：7　颜色：RGB值（184,199，104）；

基调色：位置：4　颜色：RGB值（232,195,125）。

（2）执行菜单栏中的【窗口】/【调色板】/【通过选定的颜色创建调色板】命令，完成柔色调调色板（图2-89）。

6. 完成强色调

（1）在色调图中选择鲜艳的三个色彩搭配一组。其中分离色、副调色、基调色分别占5%、25%、70%；参考"名画"色调图，颜色参数设置如下：

分离色：位置：3　颜色：RGB 值（342,182,36）；

副调色：位置：2　颜色：RGB 值（219,92,41）；

基调色：位置：8　颜色：RGB 值（124,172,60)。

（2）执行菜单栏中的【窗口】/【调色板】/【通过选定的颜色创建调色板】命令，完成强色调调色板（图 2-90）。

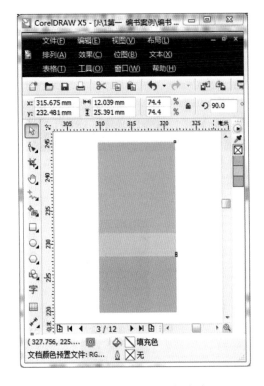

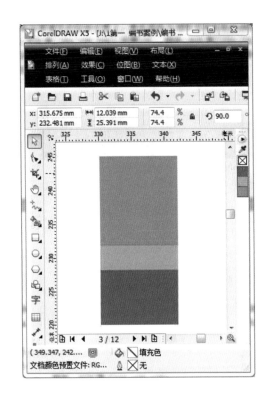

图 2-89　柔色调调色板完成　　　　　　　　图 2-90　强色调调色板完成

案例六、印象调色板制作

根据调研设计色彩，逐渐产生消费者需要的色彩组合方式，将它应用到服装系列产品设计中。选择色彩或确定色彩范围，可以用色彩故事来捕捉色彩趋势，为指定季节创作出令人信服，并反映消费者需求的色彩故事。色彩故事是以视觉的形式来展现，并配合简略的文字说明。

我们要把印象转化为色彩来进行考虑。比如说：

色相：与配色印象完全匹配的色相是什么？请进行色相的选择，如果有合适的色相，选择几个都可以。

色调：选择与印象完全相匹配的色调，一个和多个都可以。

配色方式：是基本的统一系、类似系还是对比系。与主题相匹配的配色方式是统一感强的统一系好？还是有融合感强的类似系好？还是对比感强的敏锐的对比系好？

配色数：根据主体，是用多种色彩容易把印象表现出来，还是使用少数色彩容易把印象表现出来。

关键环节：概念定位、选择色相、选择色调、考虑配色方向性、考虑面积比例 、微调整。

我们根据"名画调色板"、"名画色调图"完成下列三组印象调色板，并各自完成组合方案五个。

①清爽的 冷静的 透明的

②装饰的 留恋的 魅力的
③优美的 自然的 和谐的

（一）印象1：清爽的 冷静的 透明的

在 CorelDRAW 软件中制作，最后效果如图 2-91 所示。

明朗的

清爽的　冷静的　透明的

图 2-91　完成效果

1. 根据定位概念分析

（1）分析概念，根据定位印象，选择色相与色调。印象概念为清爽的、冷静的、透明的，考虑合适的色相为冷色，色调为明清色调，配色基本考虑为统一或类似，色彩数量不宜太多。挑选出符合要求的色块。

（2）考虑配色方向性，在统一中，用色加强一定的对比度，突出清爽的、冷静的、透明的特点。总体配色考虑面积比例以明清色为主。

通过分析清爽的、冷静的、透明的印象概念，得出的最佳方案为：

位置：12　颜色：RGB 值（70,99,139）；　位置：9　颜色：RGB 值（112,190,203）；

位置：11　颜色：RGB 值（79,140,197）；　位置：10　颜色：RGB 值（240,247,255）；

位置：13　颜色：RGB 值（51,44,62）。

2. 制作完成色彩组合

（1）单击工具箱中的【矩形工具】，绘制五个矩形，横向排列如图所示。用【颜色滴管】工具填充，在名画色调图的色块位置 :12 颜色：RGB 值（70,99,139) 上单击鼠标左键吸取颜色，将鼠标指针移动到要填充的目标位置上，单击鼠标左键即可将吸取的颜色填充到对象上，如图 2-92 所示。

（2）再次使用【颜色滴管】工具选择颜色，可以按住【Shift】键切换成"选择颜色"进行选色，在名画色调图的色块 位置：9 颜色：RGB 值（112,190,203) 上单击鼠标左键吸取颜色，放掉【Shift】键，将鼠标指针移动到要填充的目标位置上，单击鼠标左键即可将吸取的颜色填充到对象上，如图 2-93 所示。

（3）重复步骤（2），完成位置：11　颜色：RGB 值（79,140,197）；位置：10颜色：RGB 值（240,247,255）；位置：13 颜色：RGB 值（51,44,62）的色彩填充（图 2-94）。

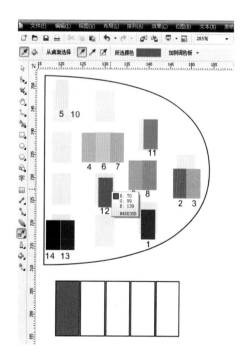

图 2-92　一种色彩吸取填充

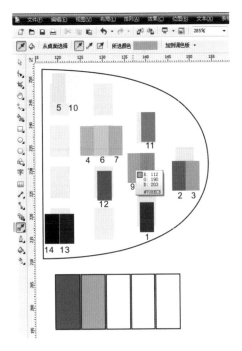

图 2-93　两种色彩吸取填充

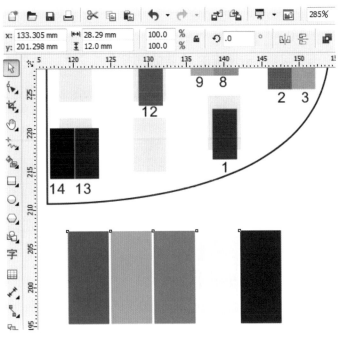

图 2-94　三种色彩吸取填充

3. 制作调色板与配色方案

（1）单击挑选工具并按住【Shift】键全选文件中的所有色彩，执行菜单栏中的【窗口】/【调色板】/【通过选定的颜色创建调色板命令】，弹出保存调色板为对话框，在文件名栏中输入要保存的文件名为"清爽冷静透明"调色板，单击保存按钮（图2-95）。

（2）在工作区的右边会弹出刚才设置的"清爽冷静透明"调色板（图2-96）。完成不同组合方案五个，如图2-97所示。实际成品案例，如图2-98所示。

图 2-95　另存为

图 2-96　完成调色板创建

图 2-97 配色方案   图 2-98 成品案例

（二）印象 2：装饰的 留恋的 魅力的

在 CorelDRAW 软件中制作，最后效果如图 2-99 所示。

温和的

装饰的 留恋的 魅力的

图 2-99 完成效果

1. 根据定位概念分析

（1）分析概念，根据定位印象，选择色相与色调。印象概念为装饰的、留恋的、魅力的，考虑合适的色调为浓色调，与主题相匹配的配色形式是融合感强的类似系。色彩数量不宜太多。结合流行色，挑选出符合要求的色块。

（2）考虑配色方向性，在融合中，用色加强一定的对比度，突出装饰的、留恋的、魅力的特点。总体配色考虑面积比例以浓色调为主。

通过分析装饰的、留恋的、魅力的印象概念，得出的最佳方案为：

位置：2 颜色：RGB 值（219,92,41）；   位置：1 颜色：RGB 值（151,26,4）；

位置：4 颜色：RGB 值（232,195,125）； 位置：10 颜色：RGB 值（240,247, 255);

位置：9 颜色：RGB 值（112,190,203)。

2. 制作调色板与配色方案

（1）完成装饰的、留恋的、魅力的印象色调，执行菜单栏中的【窗口】/【调色板】/【通过选定的颜色创建调色板命令】，单击保存按钮完成印象色调制作保存（图 2-100）。在工作区的右边会弹出刚才设置的"装饰留恋魅力"调色板（图 2-101）。

图 2-100　创建调色板　　　　　　　图 2-101　完成调色板创建

（2）完成不同组合方案五个，如图 2-102 所示；实际成品案例，如图 2-103 所示。

图 2-102　组合方案　　　　　　　　图 2-103　成品案例

（三）印象 3：优美的 自然的 和谐的

在 CorelDRAW 软件中制作，最后效果如图 2-104 所示。

优美的 自然的 和谐的

轻松的

图 2-104　完成效果

1. 根据定位概念分析

（1）分析概念，根据定位印象，选择色相与色调。印象概念为优美的、自然的、和谐的，考虑合适的色调为自然色调，与主题相匹配的配色形式是融合感强的类似系，色彩数量多较易表现。挑选出符合要求的色块。

（2）考虑配色方向性，在自然融合中，用色加强一定的对比度，突出优美的、自然的、和谐的特点。总体配色考虑面积比例以类似系为主。

通过分析优美的、自然的、和谐的印象概念，得出的最佳方案为：

位置：3　颜色：RGB 值（342,182,36）；　位置：4　颜色：RGB 值（232,195,125）；

位置：5　颜色：RGB 值（250,235,204）；　位置：14　颜色：RGB 值（14,24,25)；

位置：6　颜色：RGB 值（230,220,123）；　位置：7　颜色：RGB 值（184,199，104）。

位置：8　颜色：RGB 值（124,172,60)。

2. 制作调色板与配色方案

（1）完成优美的、自然的、和谐的印象色调，执行菜单栏中的【窗口】/【调色板】/【通过选定的颜色创建调色板命令】，完成印象色调制作保存（图 2-105）。在工作区的右边会弹出刚才设置的"优美自然和谐"调色板（图 2-106）。

图 2-105　创建调色板

图 2-106　完成调色板创建

（2）完成不同组合方案五个，如图 2-107 所示；实际成品案例，如图 2-108 所示。

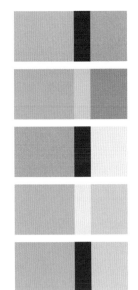

图 2-107　组合方案 　　　　　　　　　　　图 2-108　成品案例

案例七、完成主题色彩概念板与调色板

　　一个较为完整的主题确定后，色彩选择首先受到服装市场的产品大类与风格的限制，漂亮的色彩范围要适应于相对的衣服，比如粉色系很容易与女式睡衣和婴儿装相联系；深色与冬天相联系；金属色、闪光的颜色与晚礼服相联系；荧光水彩色和运动装相联系。在计算机色彩设计中，首先依据产品的颜色分类，寻找一个理由充分的灵感来源来启发思维、选择色彩，从而逐渐形成自己的观点，并拓展自己的色彩创造力和设计能力。

　　图像的解构、并置、拼贴而合成的色彩概念板是设计灵感的催化剂。可以理解为运用取景器并撷取物体的一个角度，这样就可以聚焦于原始素材中的细节元素并获得抽象的、新颖的创意。它也可以被理解为像智力拼图玩具一样将信息资料打散，然后再以不同的方式重新组合创造出新气氛板。这也适用于款式、材料等设计概念建立。

　　完成主题色调调色板，并完成组合方案九个。主题定位："会呼吸的水"，产品为城市知性女装系列。在 Photoshop 和 CorelDRAW 软件中制作，最后效果如图 2-109 所示。

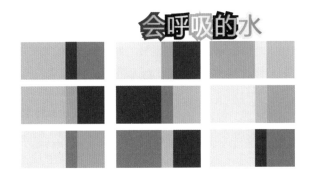

图 2-109　主题色调板

1．根据定位概念分析

根据定位主题要旨分析，城市女性精神独立、坚强、懂得享受生活。切换成关键理念词为"知性、素雅、简约"，通过调研获取相关图片，建立色彩概念板与调色板。

2．概念板制作

（1）运行 Photoshop 软件，执行菜单栏中的【文件 / 新建】命令，或按【Ctrl】+【N】组合键，设定纸张大小，命名为"会呼吸的水"，单击【确定】按钮，如图 2-110 所示；执行【文件 / 置入】命令，在弹出的对话框中，定位到资料"名画"图片，单击置入，如图 2-111 所示。用【移动工具】把图片移动到如图 2-112 所示位置。

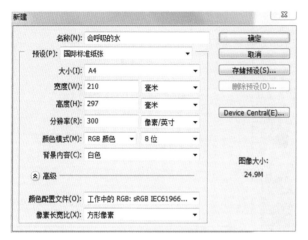

图 2-110　新建文件

图 2-111　置入对话框

图 2-112　置入

（2）单击工具箱中【选择工具】选择需要的图像部分，如图2-113所示；执行【编辑复制】命令或按下键盘上【Ctrl+C】键，将图像保存在系统剪贴板中。

（3）执行【编辑/粘贴】命令或按下键盘上【Ctrl+V】键两次，系统将刚才保存在系统剪贴板中的图像贴入"会呼吸的水"文件当中，如图2-114所示。

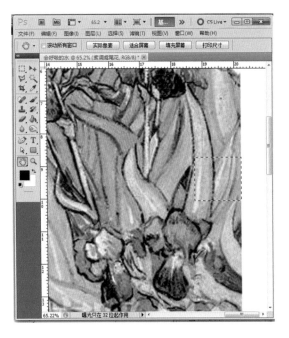

图 2-113　矩形选择

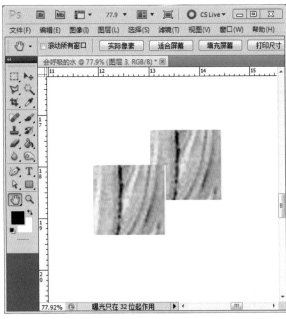

图 2-114　复制

（4）单击使用工具箱【选择工具】，选择执行【编辑/变换/水平翻转】。如图2-115所示；完成效果如图2-116所示。

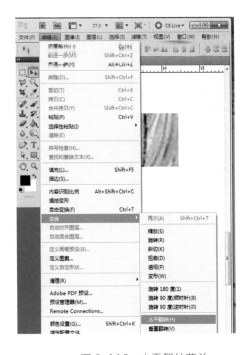

图 2-115　水平翻转菜单

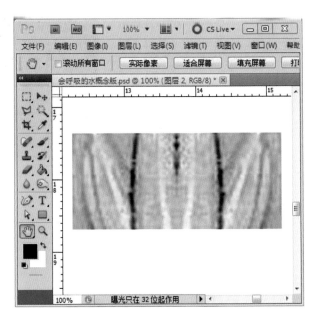

图 2-116　水平翻转

（5）重复步骤（2）、（3）、（4），完成另一图像的选择复制（图 2-117）、移动与水平翻转，完成效果如图 2-118 所示。

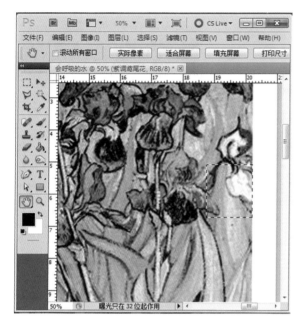

图 2-117　矩形选择

图 2-118　另一图像的水平翻转

（6）单击工具箱【裁切工具】，对角线拖动选择范围，双击完成裁切，如图 2-119 所示；单击【Ctrl+S】保存命令，完成保存，完成概念板如图 2-120 所示。

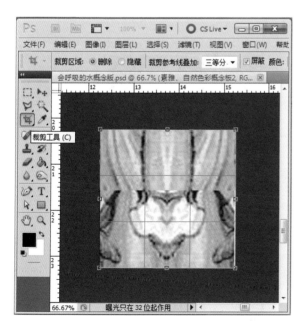

图 2-119　图像裁切

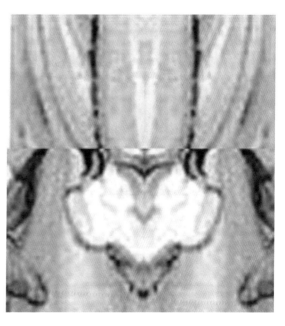

图 2-120　裁切完成

3. 调色板制作

（1）运行 CorelDRAW 软件，新建文件，导入"会呼吸的水"文件（图 2-121）；单击工具箱中的【矩形工具】，绘制五个矩形，横向排列如图 2-122 所示。

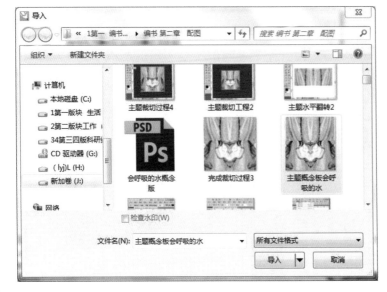

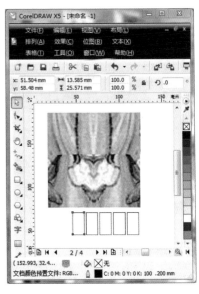

图 2-121　图像导入　　　　　　　　　　　　　　　图 2-122　方块绘制

（2）单击工具箱中的【颜色滴管】工具，在名画色调图的色块，位置：1　颜色：RGB 值（168,209,193）上单击鼠标左键吸取颜色，将鼠标指针移动到要填充的目标位置上，单击鼠标左键即可将吸取的颜色填充到对象上，如图 2-123 所示。

（3）再次使用【颜色滴管】工具 /【选择颜色】，可以按住【Shift】键，切换成"选择颜色"进行选色，在名画色调图的色块，位置：2　颜色：RGB 值（223,237,234）上单击鼠标左键吸取颜色。放掉【Shift】键，将鼠标指针移动要填充的目标位置上，单击鼠标左键即可将吸取的颜色填充到对象上，如图 2-124 所示。

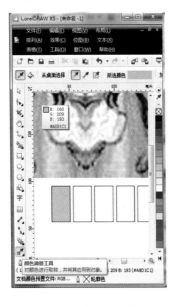

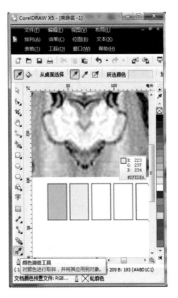

图 2-123　填充一种色块　　　　　　　　　　　　　图 2-124　填充两种色块

（4）重复步骤（2）、（3），完成位置：3　颜色：RGB值（88,139,143）；位置：4　颜色：RGB值（130,188,194）；位置：5　颜色：RGB值（30,72,79）吸取颜色与填充。完成"会呼吸的水"色彩组合效果，如图2-125所示。完成九组搭配，如图2-126所示。

图2-125　完成色块填充　　　　　　　　　　　图2-126　九组搭配

4. 创建调色板

（1）单击挑选工具并按住【Shift】键选择文件中色彩，执行菜单栏中的【窗口】/【调色板】/【通过选定的颜色创建调色板命令】通过选定的颜色创建调色板命令，弹出保存调色板为对话框，在文件名栏中输入要保存的文件名为"会呼吸的水"调色板，如图2-127所示。

（2）单击【保存】按钮，在工作区的右边会弹出刚才设置的"会呼吸的水"调色板（图2-128）。

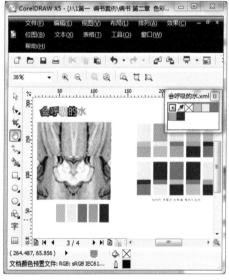

图2-127　创建调色板　　　　　　　　　　　图2-128　完成调色板创建

小结：

本章对色彩设计的基本常识做了介绍，在计算机实践案例中认识色彩的三属性、色彩的色调等基本色彩技能知识，并通过解读风格特点完成色彩组调，借助色彩组调完成设计概念表达。

第三章　服装产品款式设计

学习要点：
1. 服装产品廓型、结构线条的计算机造型
2. 服装产品局部与细节的计算机造型

第一节　产品款式的计算机造型方法

　　服装设计师就像雕塑师，要在人体基础上制作出用柔软面料而做出的雕塑作品，平面的面料经过接缝和拼织形成三维立体的结构。廓型是最明显的设计元素，其次是缝线和其他设计元素产生的细节。结构线是指在服装图样上，表示服装部件裁剪、缝纫结构变化的线。服装的内部线条设计主要是指分割线、省道和褶的设计（图3-1）。

　　服装中的线条有水平线、垂直线、斜线、曲线、直线、粗线、细线等。直线给人以单纯、硬直、男性化的感觉，曲线则具有优雅、温柔、委婉、女性化的视觉效果（图3-2），粗线有厚重视觉冲击力的感觉（图3-3），细线有飘逸的感觉（图3-4）。

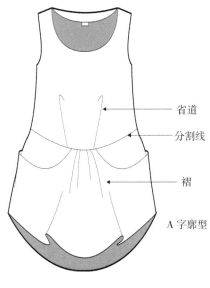

图3-1　线条

图3-2　曲线

　　计算机造型方法有几何造型与线绘制造型两类。在图形造型中，要恰当地选择计算机造型方法，创建几何造型的工具主要有矩形工具、椭圆形工具、多边形工具、智能填充工具；线绘制造型的工具主要有手绘、智能绘图工具、钢笔工具、贝塞尔曲线工具等。辅助造型手段有焊接、修剪和相交等手法。在造型的调整中，要熟练掌握曲线的绘制与处理，灵活借用辅助造型手法。

图 3-3　直线　　　　　　　　　　　　　　　　图 3-4　细线

一、几何绘制

1. **矩形绘制**

　　① 矩形工具通过先后定位任意一条对角线的两个节点来绘制矩形。

　　② 按住【Shift】键拖动鼠标，所画的矩形会以起始点为中心。

　　③ 按住【Ctrl】键拖动鼠标可以绘制正方形。

2. **椭圆形绘制**

　　① 椭圆形工具可以定位中心点和绘制椭圆形。

　　② 按住【Shift】键拖动鼠标，所画的图形会以起始点为中心。

　　③ 按住【Ctrl】键拖动鼠标可以绘制圆形。

　　④ 3 点椭圆工具，通过确定基线绘制椭圆形。

3. **多边形绘制**

　　① 多边形工具绘制对称多边形。边数越多越接近于圆形。

　　② 星形工具可以绘制无交叉边的星形。

二、辅助造型

　　单击菜单中的【窗口】/【泊坞窗】/【造型】，弹出"造型"泊坞窗，通过焊接、修剪、相交、简化可以绘制具有复杂轮廓的图形对象。

1. **焊接**

　　焊接就是让两个图形连接在一起的命令，操作步骤如下：

　　① 在工具箱中单击挑选工具，选择需要接合的图形 1（图 3-5）。

②选择【排列】/【造型】/【造型】命令，在弹出造型泊坞窗中选择 <u>焊接</u> ▼ 选项，单击 <u>焊接到</u> 按钮（图3-6），鼠标单击图形2，两个图形就被合成，如图3-7所示。

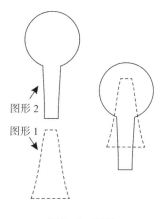

图 3-5　原图　　　　　　　　　图 3-6　焊接泊坞窗　　　　　　　　图 3-7　焊接造型

③在这个操作中，图形1是来源物体，图形2是目标物体，焊接后的最终属性以目标物体为准。

2. 修剪

修剪就是在一个图形上让其缺少一部分，可以创建特殊形状，具体操作步骤如下：

①在工具箱中单击挑选工具，选择用来修建的图形1（图3-8）。

②选择【排列】/【造型】/【造型】命令，在弹出造型泊坞窗中选择 <u>修剪</u> ▼ 选项，单击 <u>修剪</u> ▼ 按钮（图3-9），再鼠标单击另一需要修剪的图形2，图形就被修剪成如图3-10所示的效果。

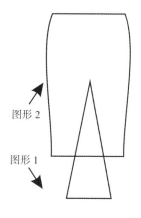

图 3-8　原图　　　　　　　　　图 3-9　修剪泊坞窗　　　　　　　　图 3-10　修剪造型

3. 相交

图形的相交就是要创建出两个图形的公共部分，具体操作步骤如下：

①在工具箱中单击挑选工具，选择需要相交的图形1（图3-11）。

②选择【排列】/【造型】/【造型】命令，在弹出造型泊坞窗中选择 选项，单击 相交对象 按钮（图3-12），鼠标单击图形2，图形就被相交成如图3-13所示的效果。

③在这个操作中，图形1是来源物体，图形2是目标物体，相交后的最终属性以目标物体为准。

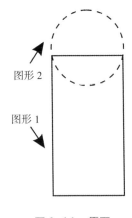

图3-11　原图　　　　　　　　　图3-12　相交泊坞窗　　　　　　图3-13　相交造型

三、线条绘制与造型

（一）绘制线条

1. 手绘工具

绘制曲线和直线线段，像使用铅笔在纸上画图一样，可以拖动鼠标，不受限制地画线条。两点连接可以绘制直线条。

2. 钢笔曲线 与贝塞尔曲线

钢笔和贝塞尔绘制的每一条线条均由端部的节点及节点的方向点和方向线来加以控制（图3-14）。节点是线之间的拐点，方向点和方向线被用来控制曲线的方向和曲率。

在设计稿上依次点下想要绘制的节点。如果绘制曲线，在点下第二个点后不要松开鼠标，顺势向外拖曳，就会拉出一个调整曲线弧度的方向线。

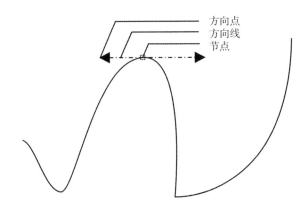

图3-14　控制曲线的点与线

3. 智能绘图工具 ⚠

能够将手绘笔触转换为基本形状和平滑曲线。用来表现灵活的皱褶、碎褶。

（二）节点的处理造型

造型的关键在于对线形的处理，通过调整线的节点来改变曲线，完成对象的造型。曲线节点有三个类型，分别如下：

平滑节点：曲线在节点平滑处平滑过渡，方向线互成180°（图3-15）。

对称节点：线条在节点处平滑过渡，且节点两边的变化幅度相等，方向线互成180°（图3-16）。

尖突节点：线条在节点处变化突然，形成一个突起的拐角，方向线可成任意角度（图3-17）。

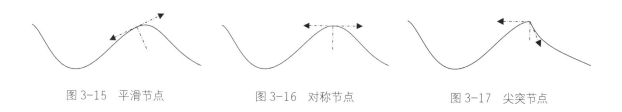

图3-15　平滑节点　　　　图3-16　对称节点　　　　图3-17　尖突节点

曲线上节点的处理，包括选择和移动节点，添加、删除、连接和对齐节点。通过节点属性在尖突节点、平滑节点、对称节点三个类型间切换，节点位置、属性及方向线的改变，可以很随意地改变一条曲线的形状，实现灵活的线条塑造。

四、其他造型方法

（一）智能填充工具造型

执行工具箱智能填充工具 🪣，在属性栏选择颜色（图3-18），能够在边缘重叠区域创建对象，并将填充应用到那些对象上，可以检测到边缘并创建闭合路径（图3-19）。

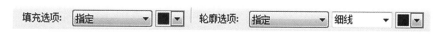

图3-18　智能填充工具属性

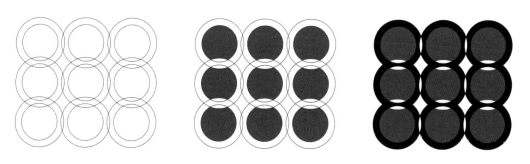

图3-19　智能填充造型

（二）变换造型

1. 倾斜对象

选择一个对象。单击【排列】/【变换】/【倾斜】，弹出"倾斜"泊坞窗，如图 3-20 所示。

2. 延展对象

单击【排列】/【变换】/【大小】，弹出"大小变换"泊坞窗，可以调整大小，如图 3-21 所示。或者选择对象，按【Shift】键并拖动左右手柄，从对象中心延展对象（图 3-22）。

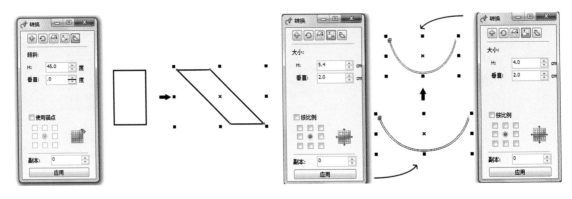

图 3-20　倾斜变换泊坞窗与效果　　　　　图 3-21　大小变换泊坞窗

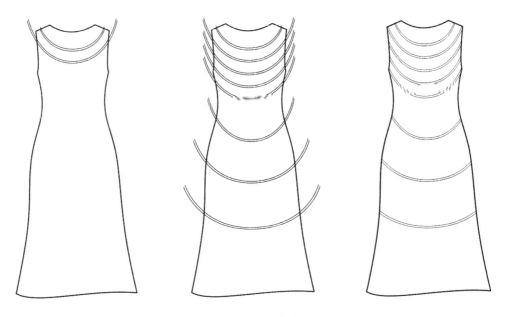

图 3-22　大小变换造型

3. 旋转

选择一个对象。单击【排列】/【变换】/【旋转】，弹出"旋转"泊坞窗，如图 3-23 所示。通过执行，完成旋转造型（图 3-24）。

图 3-23 旋转泊坞窗

图 3-24 旋转变换造型

（三）边缘处理

1. 涂抹对象

单击工具箱【涂抹笔刷】 ，在属性栏选择笔刷相关参数（图 3-25），沿矢量对象的轮廓拖动对象而使其变形，并通过将位图拖出其路径而使位图变形（图 3-26）。

图 3-25 涂抹笔刷属性栏

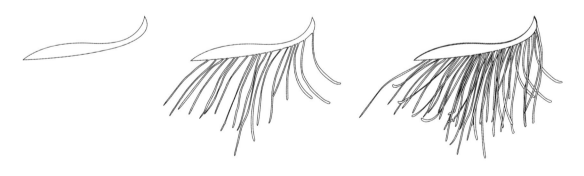

图 3-26 涂抹造型

2. 粗糙笔刷

选择一个对象。单击工具箱【粗糙笔刷】 ，在属性栏选择笔刷相关参数（图 3-27），沿矢量对象的轮廓移动而使其粗糙（图 3-28）。

图 3-27　粗糙笔刷属性栏

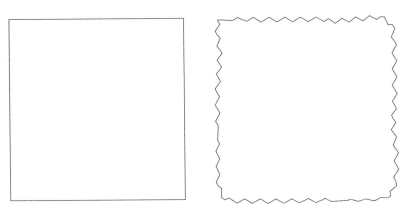

图 3-28　粗糙造型

第二节　计算机辅助款式设计：廓型与结构

服装造型的关键部位在肩、腰、臀。服装的长度、腰线高低比例对服装的廓型有明显的影响。服装上有按比例分割的线条，也有服装的省道和褶裥创造出千变万化的线条（图 3-29）。

图 3-29　廓型与结构

省道设计是为了塑造服装合体性而采用的一种造型手段。在现代服装设计中，省道除了具有最基本的合体性功能外，许多设计师把省道设计当成一种变化设计的手法，例如，在省道外加嵌条、装饰线或者省道外折等。省道有胸省、背省、腰腹省、腰臀省之分，不同的省道还可以根据省位、长短、省量进行变化设计。

分割线又叫开刀线，分割线的重要功能是从造型需要出发将服装分割成几部分，然后再缝合成衣，以求适体美观。分割线通常被分为两大类：结构分割线和装饰分割线，两种分割线型结合可以形成结构装饰分割线。

褶是服装结构线的另一种形式，它将布料折叠缝制成多种形态的线状，给人自然、飘逸的印象。在服装设计中，为了达到宽松的目的，常会留出一定的放松量，使服装有宽松感、便于活动，同时它还可以补正体形的不足，也可以作为装饰之用。打褶位置及方向、褶量不同会显示不同的穿着效果。

根据形成手法和方式不同，褶可分为两种：自然褶和人工褶。自然褶是利用布料的悬垂性以及经纬线的斜度自然形成的未经人工处理的褶。人工褶中最有代表性的是褶裥。根据折叠的方法和方向不同，褶裥可分为顺褶、箱式褶、工字褶、风箱式褶。抽褶也是经常用到的人工褶。

下面介绍两种最基本的计算机服装产品款式造型方法：

1. 几何造型

几何造型是指用几何图形开始造型，容易抓住廓型的基本比例，步骤如下：

（1）单击工具箱中的【矩形工具】绘制矩形，或者用钢笔等工具用线条绘制封闭多边形。

（2）【矩形工具】绘制的矩形，需要执行菜单栏中的【排列】/【转换为曲线】转化为曲线。

（3）应用工具箱中的【形状工具】添加 、移动等节点调整，再单击属性栏的【转换直线为曲线】，使用形状工具控制节点手柄修改造型。

2. 线条造型

线条造型是指用钢笔工具 或【手绘工具】直接进行各类曲线线条造型，容易抓住细节变化，步骤如下：

（1）应用工具箱中的【钢笔工具】或【手绘工具】画出由线构成的多边形的线形款式。

（2）应用工具箱中的【形状工具】可以增加和移动节点，通过控制节点手柄修改造型。【钢笔工具】绘制的线需要单击属性栏的【转换直线为曲线】按钮，然后使用【形状工具】进一步修正。

产品款式是一片式对称造型，先画出一侧，复制、镜像后应用焊接完成。两片式的款式，先画出其中一侧，再复制、镜像，水平移动到一定位置即可。

案例一、一片式连衣裙

在 CorelDRAW 软件中制作，整体效果如图 3-30 所示。

设计重点：对称廓型设计

关键工具与环节：镜像造型、焊接

1. 左侧廓型绘制

（1）打开 CorelDRAW 软件，执行菜单栏中的【文件】/【新建】命令，或使用【Ctrl+N】组合键，设定纸张大小为 A₄，横向摆放（图 3-31）。单击工具箱中的【矩形工具】绘制一个矩形。左键单击调色板中的白色（图 3-32）。

（2）执行菜单栏中的【排列】/【转换为曲线】命令，使用工具箱中的【形状工具】，添加节点（图 3-33）。调整节点到适当位置（图 3-34），使用形状工具单击并框选对象，单击属性栏中的【转换直线为

图 3-30　整体效果

图 3-31　图稿设置

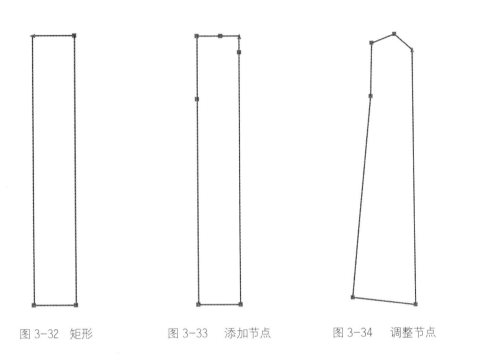

图 3-32　矩形　　　　　图 3-33　添加节点　　　　　图 3-34　调整节点

曲线】按钮，使用【形状工具】控制节点手柄修改造型（图 3-35）。

2. 完成一片式衣片

　　挑选曲线按【+】键复制图形，单击属性栏中的水平镜像按钮，并把复制的图形向右平移到一定位置（图 3-36），焊接得到的效果（图 3-37）。

图 3-35　修改造型　　　　　图 3-36　复制图形　　　　　图 3-37　焊接图形

3. 育克、分割线的绘制

（1）使用工具箱中的钢笔工具 和形状工具 ，绘制完成前片育克、分割线、后领线（图3-38）。

（2）使用挑选工具框选图形，按住【Ctrl+G】组合键群组图形，这样就完成了整体效果绘制（图3-39）。

图 3-38　完成内部线条

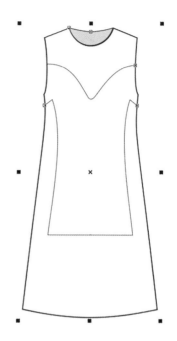

图 3-39　群组图形

案例二、一字领高腰连衣裙

在 CorelDRAW 软件中制作，整体效果如图3-40所示。

设计重点：缝缉线设计

关键工具与环节：钢笔工具、断开节点、拆分曲线

关键步骤解析：

（1）打开新稿，完成裙片廓型设计（图3-41）。

（2）使用工具箱中的钢笔工具 和形状工具 ，绘制腰部结构线（图3-42）。

（3）省道、分割线、口袋、缝缉线。

① 使用工具箱中的钢笔工具 和形状工具 ，完成省道、分割线、口袋的绘制（图3-43）。

② 缝缉线绘制可以先复制线条，对缉线两端节点进行断开，在执行【排列】/【拆分曲线】，删除其余部分（图3-44），缝缉线类型在属性栏线条样式中选项如图3-45所示。

（4）挑选曲线按【+】键复制图形，单击属性栏中的水平镜像按钮 ，完成对称设计。

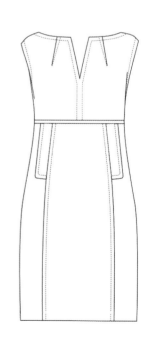

图 3-40　完成效果

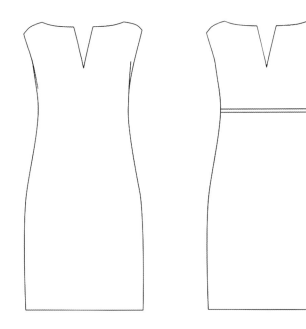

图 3-41　廓型设计　　　　图 3-42　腰节线设计　　　　图 3-43　局部造型线条

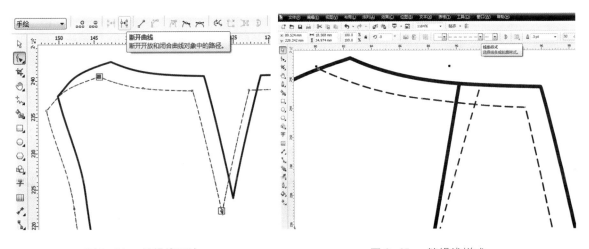

图 3-44　缝缉线设计　　　　　　　图 3-45　缝缉线样式

案例三、腰饰长裤

在 CorelDRAW 软件中制作，整体效果如图 3-46 所示。

设计重点：褶线的设计

关键工具与环节：钢笔直线、图框精确裁剪

1．左侧裤片

（1）打开 CorelDRAW 软件，执行菜单栏中的【文件】/【新建】命令，或使用【Ctrl+N】组合键，设定纸张大小为 A4，横向摆放。使用工具箱中的钢笔工具和形状工具，绘制一个多边形，单击调色板中的白色（图 3-47）。

（2）使用【形状工具】，单击并框选对象，单击属性栏中的【转换为曲线】，使用形状工具控制节点手柄修改造型，效果如图 3-48 所示。

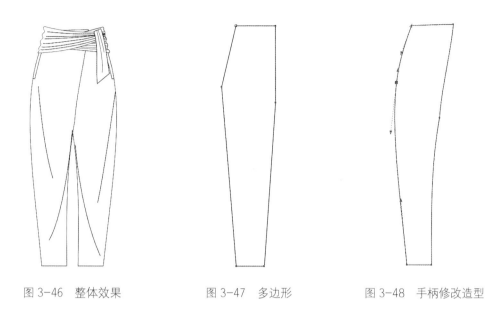

图 3-46　整体效果　　　　　图 3-47　多边形　　　　　图 3-48　手柄修改造型

2. 右侧裤片

（1）挑选曲线按【+】键复制图形，并把复制的图形向左平移到一定位置，单击属性栏中的水平镜像按钮，效果如图 3-49 所示。

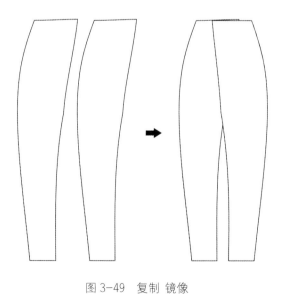

图 3-49　复制 镜像

（2）执行菜单栏中【排列】/【顺序】/【置于此对象后】命令（图 3-50），把右裤片摆放在左裤片后面（图 3-51）。

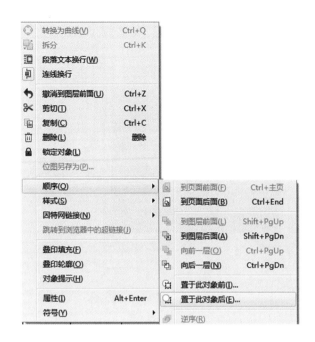

图 3-50　排序命令　　　　　　　　　　　　　图 3-51　排序

3. 绘制口袋线与腰部造型

（1）使用工具箱中的【钢笔工具】，绘制完成口袋线（图 3-52）、绘制完成三个多边形，单击调色板中的白色，完成效果如图 3-53 所示。

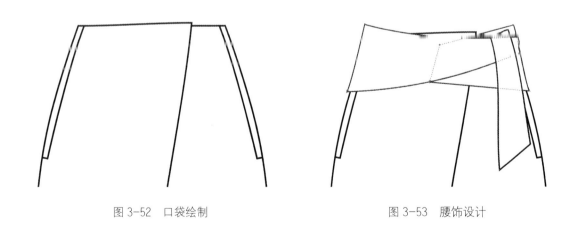

图 3-52　口袋绘制　　　　　　　　　　　　　图 3-53　腰饰设计

（2）用【钢笔工具】和【形状工具】调整完成腰部褶线设计（图 3-54）。设计褶线，执行【效果】/【图框精确裁剪】/【放置在容器中】命令（图 3-55）。得到效果如图 3-56 所示。完成腰部设计（图 3-57）。

（3）用【钢笔工具】和【形状工具】完成衣纹绘制，使用挑选工具框选图形，按住【Ctrl+G】组合键群组图形，这样就完成了裤子的绘制。

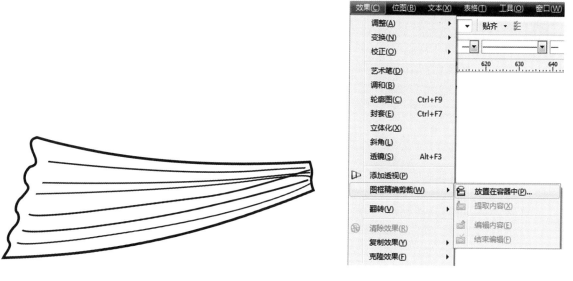

图 3-54 褶设计

图 3-55 图框精确裁剪

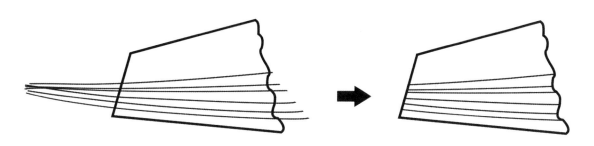

图 3-56 图框精确裁剪填入

图 3-57 完成腰部设计

案例四、箱式褶饰锥形长裤

在 CorelDRAW 软件中制作，整体效果如图 3-58 所示。

设计重点：腰部工字活褶设计

关键工具与环节：智能填充工具、添加节点、断开节点

（1）用【钢笔工具】 🖋 和【形状工具】 ▸ 完成裤子廓型（图 3-59）。

（2）用【钢笔工具】 🖋 和【形状工具】 ▸ 完成腰带、裆、襟、脚口线。用手绘工具 🖋 完成裤裆处衣纹线（图 3-60）。

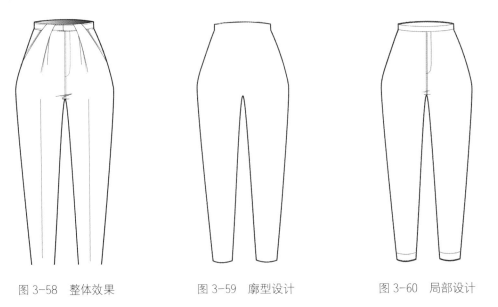

图 3-58 整体效果　　　　图 3-59 廓型设计　　　　图 3-60 局部设计

（3）用【钢笔工具】 🖋 和【形状工具】 ▸ 完成工字褶省的设计、裤挺缝线的绘制（图 3-61）。

（4）用【智能笔填充】在腰部三个部位及腰内侧，创建闭合路径。填充色彩设置为白色（图 3-62）。

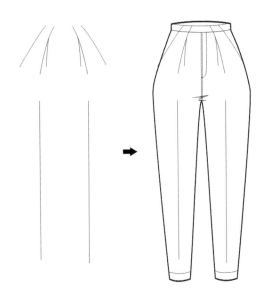

图 3-61 裤挺缝线设计　　　　　　　　图 3-62 智能填充工具造型

（5）选中先前绘制的腰部结构线，移除；绘制腰头线（图3-63）。

（6）移除腰部结构线复制移动到如图位置，添加节点、断开节点处理，如图3-64所示。设置线条样式如图3-65所示。

 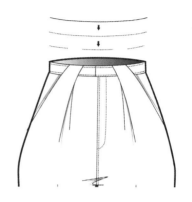

图3-63　移除腰部线条　　　　　　　图3-64　腰部缝缉线设计

图3-65　腰部缝缉线设计

案例五、分割装饰裙

在CorelDRAW软件中制作，整体效果如图3-66所示。

设计重点：变化分割线的对称设计

关键工具与环节：钢笔工具、镜像造型

1. 左侧衣片

（1）打开CorelDRAW软件，执行菜单栏中的【文件】/【新建】命令，或使用【Ctrl+N】组合键，设定纸张大小为A₄，横向摆放。使用工具箱中的【钢笔工具】 和【形状工具】 ，绘制一个基础衣片、领口线，单击调色板中的白色（图3-67）。

（2）使用工具箱中的【钢笔工具】绘制左侧衣片，使用【形状工具】 单击并框选对象，单击属性栏中的转换为曲线 ，使用【形状工具】控制节点手柄修改完成造型（图3-68）。

2. 右侧衣片

挑选完成的造型按【+】键复制图形，单击属性栏中的【水平镜像】按钮 ，并把复制的图形向右平移到一定位置，【焊接】得到的效果（图3-69）。

3. 分割线、省道线的绘制

（1）使用工具箱中的【钢笔工具】和【形状工具】，绘制完成一侧分割线、省道线的造型（图3-70）。

（2）挑选曲线按【+】键复制图形，单击属性栏中的水平镜像按钮 ，并把复制的图形向右平

图3-66　整体效果

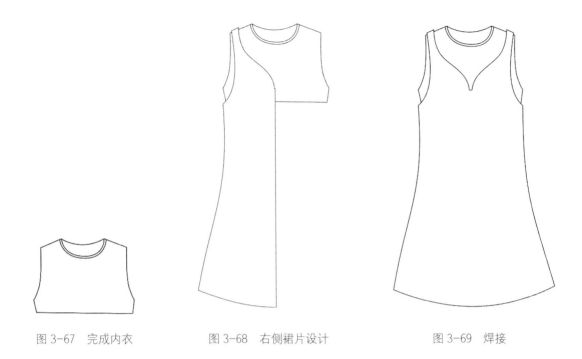

图 3-67 完成内衣   图 3-68 右侧裙片设计   图 3-69 焊接

移到一定位置，使用挑选工具框选图形，按住【Ctrl+G】组合键群组图形，这样就完成了块面分割背心式裙的绘制（图 3-71）。

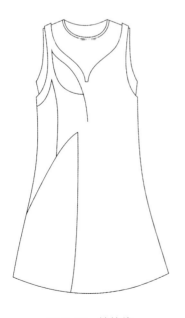

图 3-70 结构线

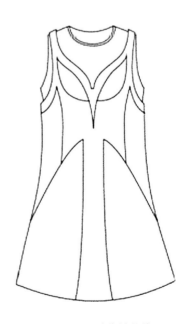

图 3-71 对称结构线

案例六、曲线修身连衣裙

在 CorelDRAW 软件中制作，整体效果如图 3-72 所示。

设计重点：曲线造型、宽边设计

关键工具与环节：矩形工具、镜像造型、转换为曲线、添加节点

（1）完成裙身、领口线的绘制（图 3-73）。

（2）使用工具箱中的【钢笔工具】和【形状工具】，完成左侧的分割线、省道线的绘制，如图 3-74 所示。

（3）挑选完成的左侧的分割线、省道线，按【+】键复制图形，单击属性栏中的【水平镜像】按钮 ，完成对称分割线、省道线，焊接，中间绘制矩形（图 3-75）。

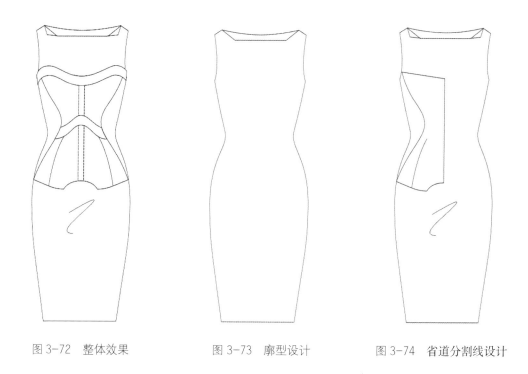

图 3-72　整体效果　　　　　图 3-73　廓型设计　　　　　图 3-74　省道分割线设计

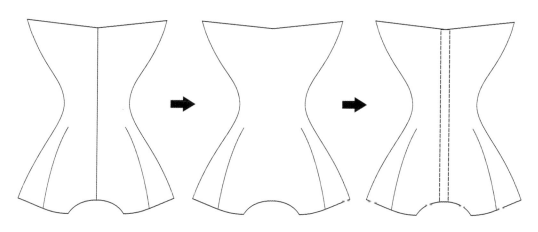

图 3-75　对称分割线、省道线设计

（4）绘制水平矩形，执行菜单栏中的【排列】/【转换为曲线】◐命令，使用工具箱中的【形状工具】
↖，在圆点表示处添加节点、移动节点，单击并框选对象，单击属性栏中的【转换直线为曲线】按
钮℘，使用【形状工具】调整节点手柄修改造型，如图3-76所示。

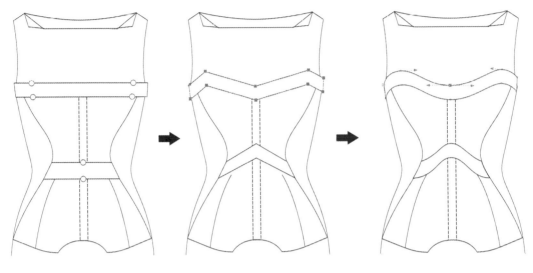

图 3-76　装饰结构线设计

第三节　计算机辅助款式设计：局部设计与细节

局部设计通常指与服装主体相配置、相关联的突出于服装主体之外的部分，是服装上兼具功能
性与装饰性的主要组成部分，如领子、袖子、口袋、襻带等服装零部件（图3-77）。服装设计中通
常是有一定规则的，但这些规则都可以被打破和进行再创造。时尚的规则制定出来就是为了要让人
去打破的。服装局部细节也可以被打破和再创造。巧妙的服装局部细节设计可以成为构成系列设计
的个性化标识。

图 3-77　局部设计

案例一、驳领外套

在 CorelDRAW 软件中制作，整体效果如图 3-78 所示。

设计重点：驳领设计、纽扣设计

关键工具与环节：交互式填充、修剪造型

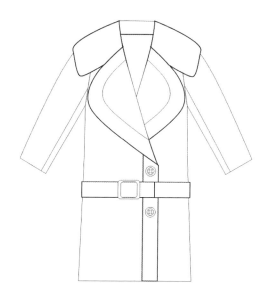

图 3-78 完成效果

1. 廓型

（1）打开 CorelDRAW 软件，执行菜单栏中的【文件】/【新建】命令，或使用【Ctrl+N】组合键，设定纸张大小为 A₄，竖向摆放（图 3-79）。

图 3-79 图稿设置

（2）使用工具箱中的【钢笔工具】，绘制多边形。左键单击调色板中的白色（图 3-80）。使用形状工具单击并框选对象，单击属性栏中的【转换直线为曲线】按钮，使用【形状工具】控制节点手柄修改造型完成衣片与袖子（图 3-81）。

2. 局部细节

（1）使用工具箱中的【钢笔工具】绘制多边形。左键单击调色板中的白色。使用形状工具单击并框选对象，单击属性栏中的【转换直线为曲线】按钮，使用【形状工具】控制节点手柄修改造型完成翻领与驳头。如图 3-82 所示。

（2）复制形状、删除其余部分调整完成嵌条线，如图 3-83 所示。

（3）用【钢笔工具】完成翻领与驳头连接线，按住【Ctrl+G】组合键群组图形（图 3-84）。

（4）选择驳领，按【+】键复制，单击属性栏中的【水平镜像】按钮，并把复制的图形向右平移到一定位置，如图 3-85 所示。修剪得到的效果如图 3-86 所示。

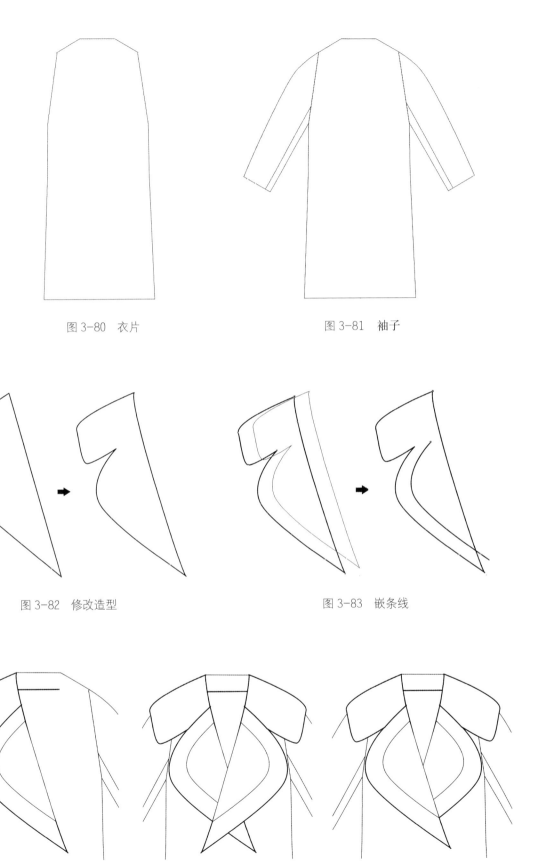

图 3-80 衣片

图 3-81 袖子

图 3-82 修改造型

图 3-83 嵌条线

图 3-84 驳头连接线

图 3-85 水平镜像

图 3-86 修剪

（5）用【钢笔工具】绘制画衣襟、用圆形工具绘制扣子（图3-87），旋转、复制完成扣子排列（图3-88）。

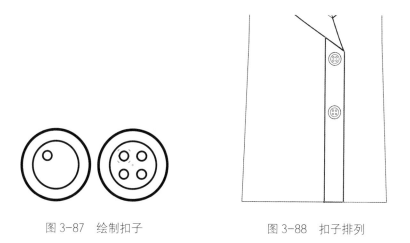

图3-87　绘制扣子　　　　　　　　　　　图3-88　扣子排列

（6）用矩形工具绘制腰带、腰带扣矩形（图3-89）。

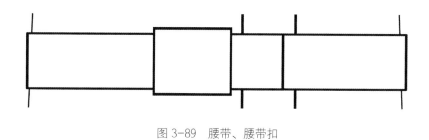

图3-89　腰带、腰带扣

（7）【形状工具】调整完成腰带扣圆角设计，填充白色（图3-90）。按【+】键复制，按住【Shift】键向中心点缩小完成内圈，用【挑选工具】选择，在属性栏选择【合并】按钮 完成腰带扣设计（图3-91）。

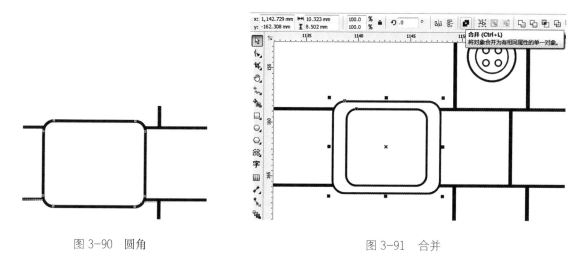

图3-90　圆角　　　　　　　　　　　　　图3-91　合并

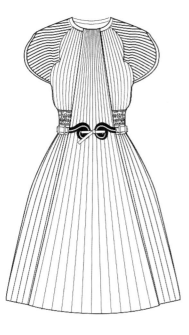

图 3-92　整体效果

案例二、褶饰连衣裙

在 CorelDRAW 软件中制作，整体效果如图 3-92 所示。

设计重点：百褶设计、缩褶设计

关键工具与环节：智能填充工具、交互式调和工具

1. 左侧裙片

（1）打开 CorelDRAW 软件，执行菜单栏中的【文件】/【新建】命令，或使用【Ctrl+N】组合键，设定纸张大小为 A₄，横向摆放。使用工具箱中的【钢笔工具】，绘制多边形。左键单击调色板中的白色（图 3-93）。

（2）使用形状工具单击并框选对象，单击属性栏中的【转换直线为曲线】按钮，使用【形状工具】控制节点手柄修改造型（图 3-94）。

2. 右侧裙片及装饰衣片

（1）挑选曲线按【+】键复制图形，单击属性栏中的【水平镜像】按钮，并把复制的图形向右平移到一定位置（图 3-95）。使用【矩形工具】和【形状工具】，绘制完成腰带、领线。左键单击调色板中的白色（图 3-96）。

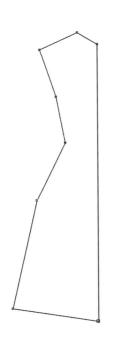

图 3-93　多边形绘制

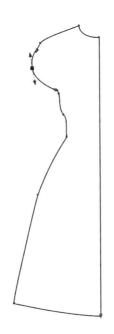

图 3-94　手柄修改造型

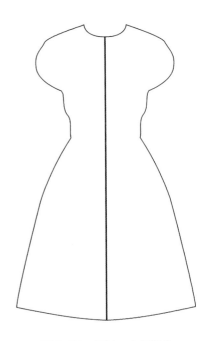

图 3-95　复制、水平镜像

（2）使用【矩形工具】和【形状工具】，绘制完成装饰衣片，左键单击调色板中的白色（图 3-97）。用【钢笔工具】和【形状工具】完成插肩线设计（图 3-98）。

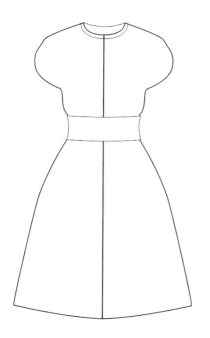

图 3-96　腰带、领线设计

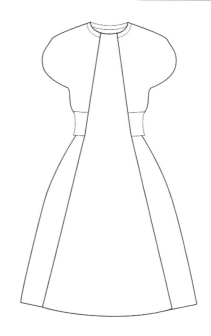

图 3-97　装饰衣片设计

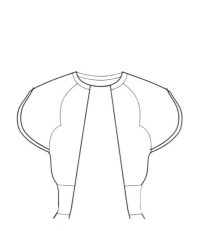

图 3-98　插肩线设计

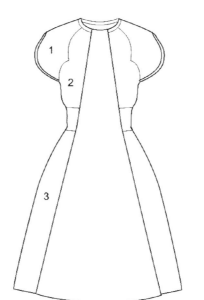

图 3-99　智能填充工具造型

3. 衣褶装饰设计

（1）用【智能填充工具】创建封闭图形。如图 3-99 所示。

（2）单击工具箱中的【交互式调和工具】，【调和工具】步长数分别是 ∅ 5、∅ 3、∅ 11，在属性栏中设置各项参数和绘制得到褶的设计效果如图 3-100 所示。

（3）执行【图框精确裁剪】完成造型，肩部设计如图 3-101 所示，前衣片设计如图 3-102 所示，

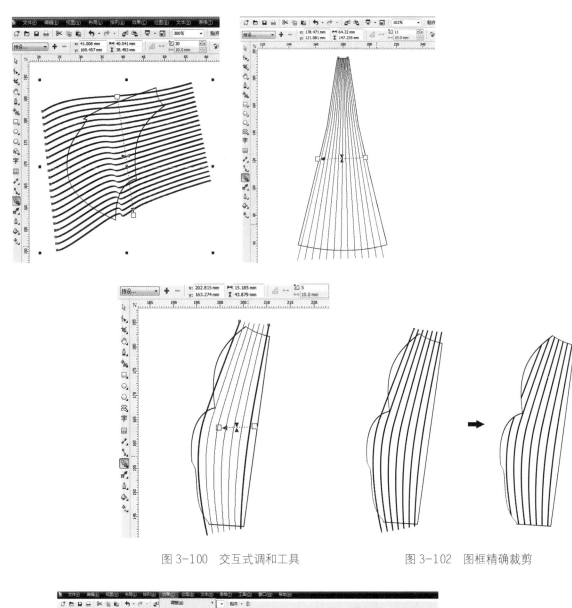

图 3-100　交互式调和工具　　　　　　　　　图 3-102　图框精确裁剪

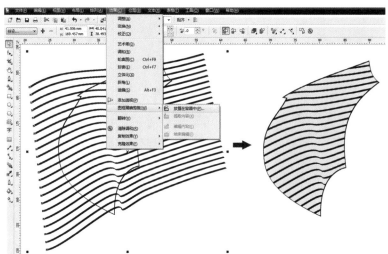

图 3-101　图框精确裁剪

中间装饰衣片褶设计如图 3-103 所示。

（4）完成褶线应用设计的整体效果如图 3-104 所示。根据褶线排列，用【形状工具】完成下摆线调整（图 3-105）。

4. 腰部设计

（1）用【手绘工具】绘制直线与碎褶，复制完成平衡的腰部橡筋抽褶。按住【Ctrl+G】组合键群组图形（图 3-106）。用【矩形工具】完成腰带襻绘制（图 3-107）。

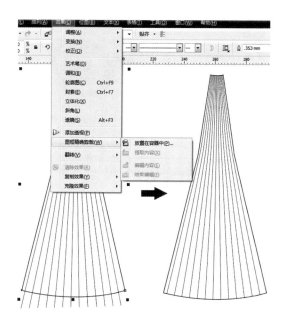

图 3-103　图框精确裁剪

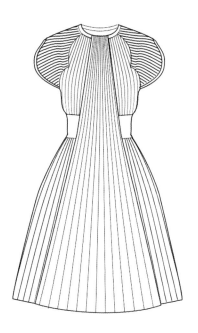

图 3-104　完成褶线

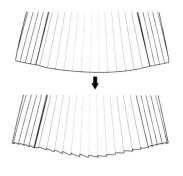

图 3-105　下摆线调整

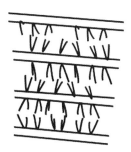

图 3-106　碎褶

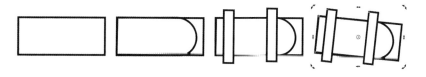

图 3-107　腰带襻

（2）用【钢笔工具】绘制钩扣线条粗为 2.5mm， 复制线条，粗细设置为 .5mm，线条为白色（图 3-108）。

（3）挑选曲线按【+】键复制图形，单击属性栏中的【水平镜像】按钮，并把复制的图形向右平移到一定位置（图 3-109）。

图 3-108　钩扣

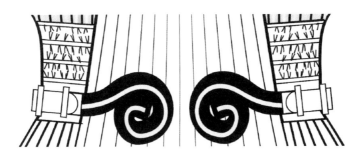

图 3-109　对称设计

（4）【艺术笔工具】进行带子设计，在调色板中左键单击白色、右键单击调色板黑色（图 3-110）。使用挑选工具框选图形，按住【Ctrl+G】组合键群组图形，完成了带子绘制（图 3-111）。

图 3-110　艺术笔工具

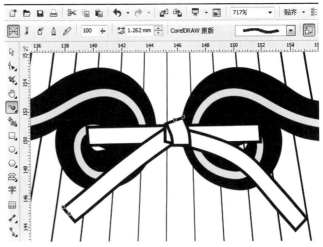

图 3-111　带子设计

案例三、扣襻装饰外套

在 CorelDRAW 软件中制作，整体效果如图 3-112 所示。

图 3-112　完成效果

设计重点：嵌条设计、立领设计、扣襻设计

关键工具与环节：镜像造型、焊接、相交

1. 廓型与结构线

（1）打开 CorelDRAW 软件，执行菜单栏中的【文件】/【新建】命令，或使用【Ctrl】+【N】组合键，设定纸张大小为 A₄，横向摆放（图 3-113）。

图 3-113　图稿设置

（2）使用工具箱中的【钢笔工具】，绘制多边形。左键单击调色板中的白色。使用形状工具单击并框选对象，单击属性栏中的【转换直线为曲线】按钮，使用【形状工具】控制节点手柄修改造型完成衣片、袖子与结构性分割线等主体设计（图 3-114）。

2. 嵌条

（1）用【钢笔工具】完成口袋基本型 (3-115)，按【+】键复制，线条加粗，执行【排列】/【将轮廓转换为对象】指令，完成效果如图 3-116 所示。填充灰色，轮廓设置为黑色，进行节点调整，完成效果如图 3-117 所示。

（2）重复（1）的方法完成门襟双嵌条设计（图 3-118），双嵌条完成效果如图 3-119所示。

3. 领子设计

（1）用【钢笔工具】和【形状工具】控制节点手柄修改造型，完成领子设计（图 3-120），重复步骤 2 中（1）的方法完成嵌条设计（图 3-121）。

图 3-114　主体设计

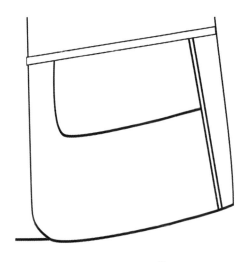

图 3-115　口袋

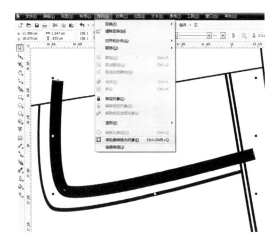

图 3-116　嵌条设计

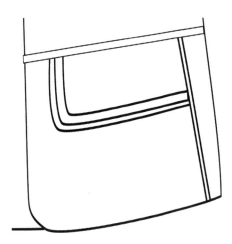

图 3-117　完成效果

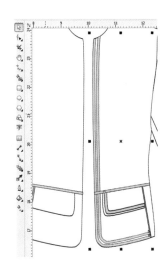

图 3-118　嵌条设计

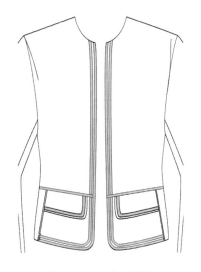

图 3-119　完成效果

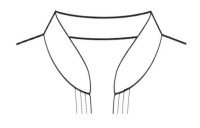

图 3-120 嵌条设计

图 3-121 完成效果

（2）选择【渐变填充工具】,渐变填充对话框设置如图 3-122 所示,完成嵌条填充效果（图 3-123）。

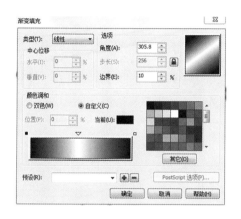

图 3-122 渐变填充

图 3-123 完成嵌条填充

4. 扣子设计

（1）单击工具箱中的【矩形工具】绘制一矩形,左键单击调色板中的灰色,执行菜单栏中的【排列】/【转换为曲线】◎命令,使用工具箱中的【形状工具】✎,添加节点,调整节点到适当位置（图 3-124）。

（2）按【+】键在原处复制图形,按住【Shift】键,向中心缩小,移动节点调整完成内侧形状,在调色板单击白色。绘制一圆角矩形,用左键单击调色板中的黑色,完成效果如图 3-125 所示。

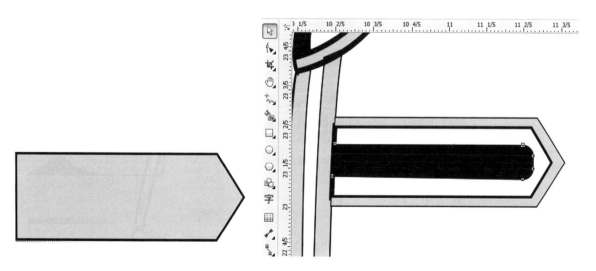

图 3-124 扣襻设计

图 3-125 完成填充

（3）单击工具箱中的【圆形工具】绘制一圆形，左键单击调色板中的白色，按【+】键复制图形，移动到另一侧，完成纽扣效果如图 3-126 所示。

（4）复制扣襻与纽扣，并把复制的图形向下移到一定位置（图 3-127），单击工具箱中的【交互式调和工具】，在属性栏中选择上方的图形往下拖动鼠标指针至下方图形执行调和操作，如图 3-128 所示。

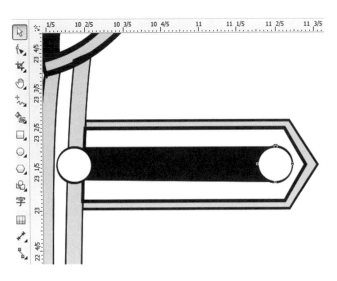

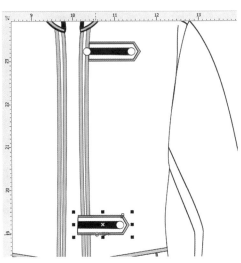

图 3-126　完成纽扣

图 3-127　扣襻设计

（5）单击挑选工具，选择调和对象，执行【排列】/【拆分调和群组】，见图 3-129。选择所有扣襻，按【Ctrl+G】组合键进行群组，选择衣片，再选择群组的扣襻，单击属性栏相交按钮，完成效果如图 3-130 所示。完成扣子设计，按【+】键复制，镜像完成对称纽扣设计（图 3-131）。

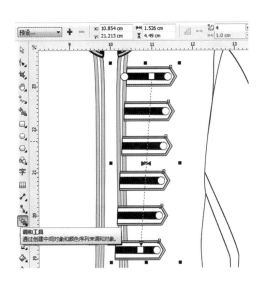

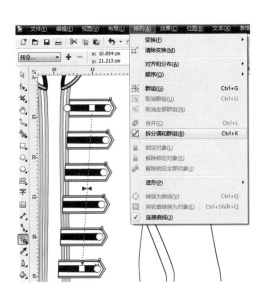

图 3-128　交互式调和

图 3-129　拆分调和群组

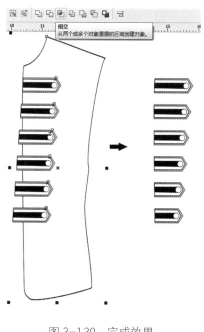

图 3-130　完成效果

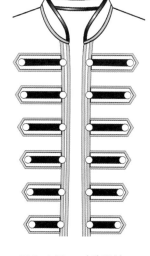

图 3-131　对称设计

（6）复制部分扣襻，进行复制、旋转操作（图3-132）。使用【形状工具】控制节点手柄修改造型，完成肩襻设计（图3-133）。

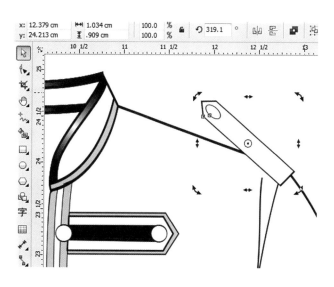

图 3-132　肩襻设计

5. 完成袖子装饰嵌条

（1）用【智能填充工具】完成嵌条袖片的造型，填充白色完成袖大片（图3-134）；单击【手绘工具】和【形状工具】绘制不同粗细的装饰线条，如图3-135所示；用【智能填充工具】完成嵌片的造型，填充色设置为灰色（图3-136）；用手绘工具绘制粗线条，执行【排列】/【将轮廓转换为对象】命令，

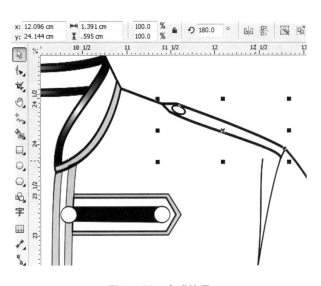

图 3-133　完成效果

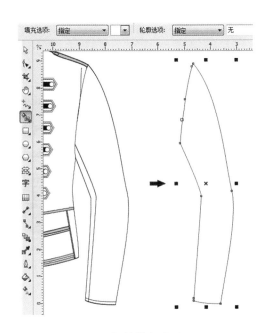

图 3-134　智能填充造型

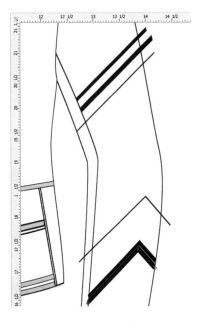

图 3-135　画线

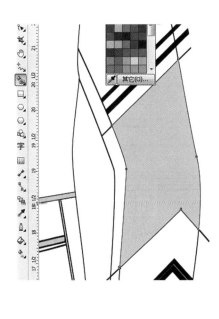

图 3-136　智能填充造型

如图 3-137 所示。

（2）选择【渐变填充工具】，进行嵌条效果设计（图 3-138）。

（3）按【+】键复制，移动线条到适合位置，如图 3-139 所示。选择设计线条按【Ctrl+G】完成群组，单击袖大片，按住【Shift】键，再选择群组的线条，然后单击属性栏的相交按钮，完成细节造型（图 3-140），最终完成嵌条设计的效果，如图 3-141 所示。

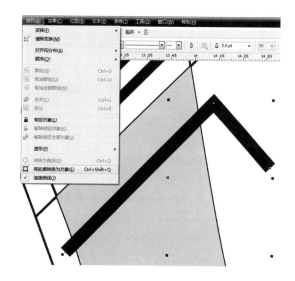

图 3-137　将轮廓转换为对象

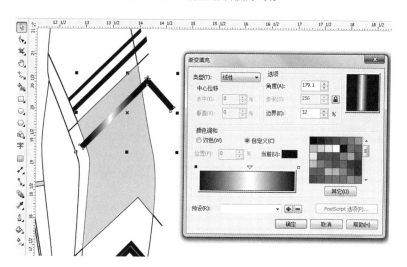

图 3-138　渐变

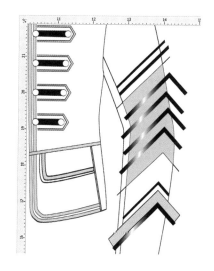

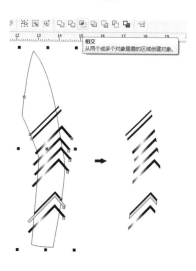

图 3-139　复制　　　　　　　　图 3-140　相交造型　　　　　图 3-141　完成效果

小结：

　　服装设计造型关键变化部位在肩部、腰部、臀部。通过调整关键部位可以进行造型的变化。计算机服装造型要点：首先画出左侧造型，再复制、镜像产生右侧造型；如果左侧与右侧连片，复制产生另一侧再进行拼合、焊接；先画基础衣片或裤片，再画内部线条、局部细节等。

第四章　服装产品图案与肌理设计

学习要点：
1．图案与肌理设计基本知识
2．综合应用计算机进行各种服装产品的图案与肌理设计

第一节　图案与肌理设计基本知识

面料、造型、色彩是构成服装的三大要素，其中，面料要素至关重要，因为服装面料是造型和色彩的载体，一方面对于服装造型起着表达作用，另一方面对于服装造型起着补充作用，即某种造型外观形态的实现，依赖于材料的表面肌理。因此，合理设计和运用面料，对服装设计效果起到十分重要的作用。

一、服饰图案与肌理构成

服饰图案按构成，有单独形式和连续形式之分。单独形式的纹样可以分为单独纹样和适合纹样。单独纹样比较独立、形式活泼；适合纹样比较规整，大方。单独形式的纹样多用在边角、领口、肩部等，有填充、点缀的作用，连续形式的纹样多用于服装的边饰，如袖口、领边、底摆、脚口等，这种纹样节奏均匀，韵律统一，整体感强。

织物肌理影响面料的外貌特征，因为工艺特点的不同，会在服装上表现出不同的风格。如时尚的数码印花、传统的扎染与蜡染、精致的珠绣、朴素的贴花绣、粗犷的编织、别致的烂花等。织物肌理可分为机织、编织、印染、刺绣等多种类型。服饰图案异彩纷呈，随着计算机技术的发展，设计软件可以用来进行服装面料图案和肌理模拟设计。

设计师能够使特定的织物变得流行，成为他们品牌的标识。BURBERRY 经典格子（图 4-1）、MISSONI 的 "Z 字形" 多彩线条编织图案（图 4-2）、CHANEL 的粗花呢、三宅一生的打褶涤纶等。在现代设计生产中，以大自然、民族民俗元素等为设计灵感，通过计算机图形图像艺术再现、解构与合成，进行服装设计，满足多样化的需求。计算机辅助图案设计能够满足成衣市场不断追求的创意、新颖的要求。不断在多品种、小批量、短周期的产业竞争中获得优势。

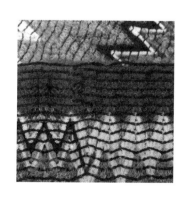

图 4-1　BURBERRY 经典格子　　　　　图 4-2　MISSONI "Z 字形" 图案

二、肌理处理与图样填充

随着新技术与传统艺术相互渗透交融产生的数码服饰图案，当今已经成为设计师创作作品的新形式、新方法。采用结合自然图像的数字化图形绘制，不但能轻松表现传统美学标准的设计，而且能够表现出许多超越平衡、和谐、对称等传统美学设计。通过计算机图形图像技术，把单一几何图案进行要素重复、穿插、层叠等排列，使循环外形或渐进形状可以轻松快速地制作出来。在服装设计中，借助于数字化技术的数码印染技艺完成的服饰图案设计，能使服装呈现出前所未有的现代感（图4-3）。

图 4-3　数码服饰图案

（一）肌理处理方法

通过 CorelDRAW 将矢量图形转换为位图，可以将特殊效果应用到对象。位图菜单可以进行图片处理，提供了艺术笔触、模糊、杂点等位图处理方法（图4-4）。也可以充分利用在第一章节介绍的 Photoshop 滤镜处理完成面料肌理效果。

（二）数码图案格式

1. 矢量图形图案

矢量图形中，图形元素被称为对象，每个对象都是具有颜色、形状、轮廓、大小和屏幕位置等属性的单独实体。 矢量图形最大特点是在对图形进行放大、缩小或改变颜色等编辑操作过程中，都能维持图形原有的清晰度，不会遗漏细节，矢量图形不受分辨率影响（图4-5）。

2. 位图图像图案

位图图像又称点阵图像，由于位图图像中的每一个像素都是单独染色的，所以可以通过对位图选择区域中的像素进行着色、加深阴影或加重、减淡颜色等操作，从而使位图产生逼真的视觉效果。位图图像的清晰度与分辨率有关。放大或缩小时图像的细节部分会出现锯齿或颗粒效果（图4-6）。

图 4-4 位图处理   图 4-5 矢量图图形   图 4-6 位图图像

3. 矢量图与位图格式互换

矢量图转换为位图，第一种方法是将矢量图在界面中直接执行【转换为位图】处理（图 4-7），另一种方法是把矢量图文件导出，可以转换为位图格式文件，如 jpg 格式。

位图转换为矢量图，可以在窗口选择位图图像，执行属性栏【描摹位图】/【快速描摹】操作（图 4-8），进行位图跟踪后能够产生矢量图。

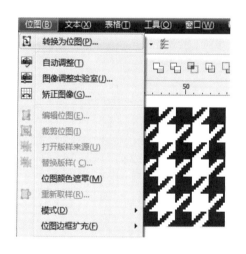

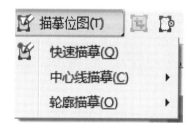

图 4-7 转换为位图   图 4-8 位图转换为矢量图

（三）图案面料填充

1. "图样填充" 对话框

用软件提供或者自己定义的图像填充图样对象。选择图形，单击工具箱中的【图样填充工具】，弹出 "图样填充" 对话框（图 4-9）。"图样填充" 可完成的操作如下。

应用预先设置的图样填充：应用双色图样填充、全色或位图图样填充，选择需要填充的对象。在工具箱中，单击【交互式填充工具】，从属性栏上的填充类型列表框（图 4-10）中选择下列类型之一：双色图样、全色图样、位图图样，即可完成图样填充。

直接创建双色图样填充：选择需要填充的对象。在工具箱中，单击图样填充按钮，启用双色选项。

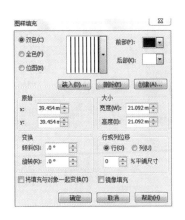

图 4-9 图样填充

图 4-10 填充类型列表框

选择前景色、背景色、位图尺寸和笔尺寸（图 4-11）。

　　从图像局部创建双色、全色图样填充：执行【工具】/【创建】/【图案填充】（图 4-12），选择创建类型（图 4-13），选择要在图案中使用的图像或图像区域（图 4-14）。

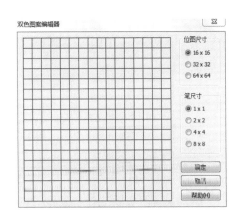

图 4-11 创建双色图样

图 4-12 创建图样填充

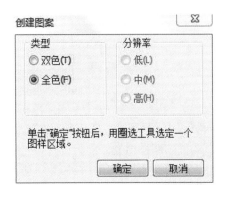

图 4-13 选择类型

图 4-14 选择区域

从导入的图像创建图样填充，选择一个对象。在工具箱中，单击【图样填充】按钮。启用下列选项之一：双色、全色位图、位图，单击装入。在导入对话框中，定位到要使用的图像（图4-15），单击【确定】按钮。

2. "底纹填充"对话框

给图形对象填充模仿自然界的物体或其他的纹理效果（图4-16）。

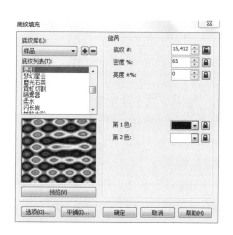

图4-15　导入的图像创建图样填充

图4-16　底纹填充

3. "PostScript 底纹"对话框

这是一种特殊的填充方式，填充的图案是矢量图（图4-17）。

4. 图框精确裁剪

运用图框精确裁剪，可以填入适合图形的图案，指令字中包括创建图框精确剪裁对象、编辑图框精确剪裁对象的内容、提取图框精确剪裁对象的内容（图4-18）。

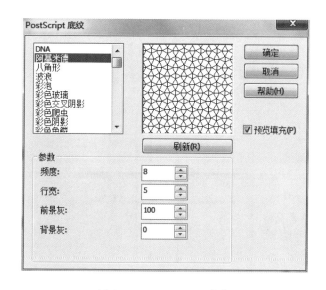

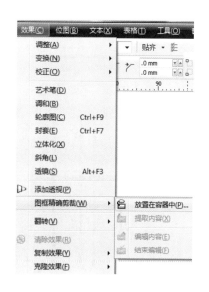

图4-17　PostScript 底纹

图4-18　图框精确裁剪

第二节 图案与肌理设计应用案例

面料的选择受到设计主题和季节需要的支配。在没有面料实物的情况下，结合计算机进行面料的模拟设计与效果应用，能够真实表达与反映面料的外观与品质。

在图形造型中，要恰当地选择几何造型与线绘制造型。恰当应用滤镜功能，进行服饰图案创意设计。

案例一、条格

在 CorelDRAW 软件中制作，整体效果如图 4-19 所示。

设计重点：线条的排列、对格设计

关键工具与环节：手绘直线、【Ctrl+R】组合键重复再制、创建全色图样

1. 绘制条格

（1）选择【手绘工具】，按住【Ctrl】键绘制一水平直线。选择线条，按【Ctrl】键，拖动线条到一定位置，单击右键复制，完成纬向直线制作，如图 4-20 所示。

（2）按【+】键复制图形，在属性栏中设置旋转角度为 90°，得到经向直线效果（图 4-21）。

（3）选择两条经向直线，按【+】键复制，再水平移动到一定位置（图 4-22）。

2. 创建单元格

（1）从图像局部创建全色图样填充，执行【工具】/【创建】/【图案填充】，弹出创建图案对话框（图 4-23），单击【确定】按钮。选择要在图案中使用的区域（图 4-24），单击【确定】按钮。

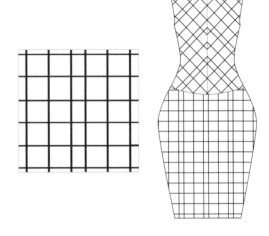

图 4-19 图案及应用

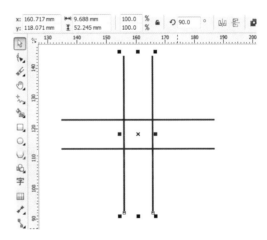

图 4-20 手绘直线

图 4-21 复制、旋转

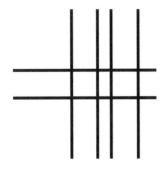

图 4-22 复制、移动

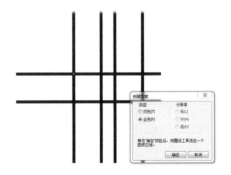

图 4-23 创建图案对话框

（2）在弹出的对话框中输入文件名（图4-25），单击【保存】按钮。

图4-24　选择区域

图4-25　保存图样

3. 图案应用

（1）导入绘制的款式图（图4-26）。

（2）选择裙片。在工具箱中，单击【图样填充】按钮，启用【全色】选项、定位到要使用的"条格"，然后单击【确定】，完成图样填充（图4-27）。

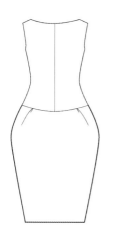

图4-26　导入款式

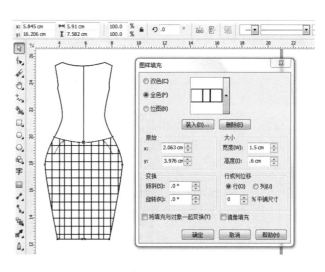

图4-27　图样填充

（3）操作左衣片时，对话框参数设置见图4-28，完成左衣片。复制、镜像完成右衣片（图4-29）。

（4）绘制方形，执行【图样填充】完成面料小样（图4-30）。

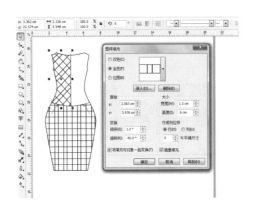

图 4-28 图样填充　　　　　　　　　　图 4-29　完成填充

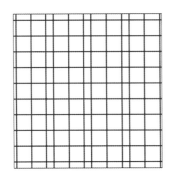

图 4-30　图样填充　　　　　　　　　　图 4-31　图案肌理

案例二、千鸟格

在 CorelDRAW 软件中制作，整体效果如图 4-31 所示。

设计重点：千鸟格图样

关键工具与环节：直接创建双色图样

1. 图样设计

（1）选择一个对象，在工具箱中，单击【图样填充】按钮。启用双色选项。选择前景色、背景色、单击创建（图 4-32)。

（2）在弹出的双色图案编辑器中，选择位图尺寸和笔尺寸。鼠标点击绘制（图 4-33）。单击【确定】按钮，图样已经在双色图样框中（图 4-34）。

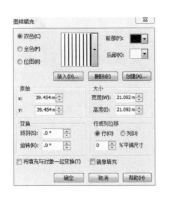

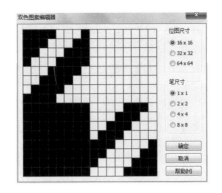

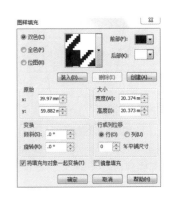

图 4-32　图样填充　　　　　　图 4-33　图案编辑器　　　　　图 4-34　双色图样框

2. 材质肌理

（1）完成面料小样，绘制矩形，在工具箱中，单击图样填充按钮，弹出【图样填充】对话框。启用【双色】选项，定位到要使用的"千鸟格"图像（图 4-35），完成效果填充（图 4-36）。

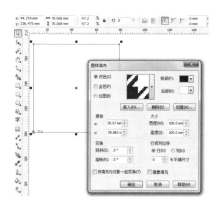

图 4-35　图样填充

图 4-36　完成效果

（2）执行【位图】/【转换为位图】命令，执行【位图】/【创造性】/【旋涡】指令（图 4-37）。旋涡参数设置见图 4-38，完成效果见图 4-39。

图 4-37　涡流菜单

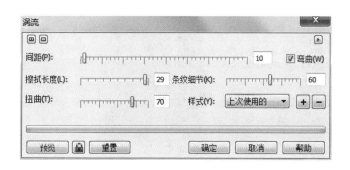

图 4-38　涡流参数设置

图 4-39　完成效果

（3）执行【位图】/【模糊】/【动态模糊】命令（图4-40），动态模糊参数设置见图4-41，完成效果参数见图4-42。

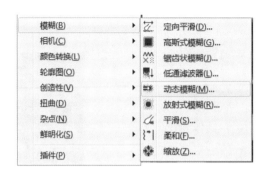

图 4-40　动态模糊涡流菜单

图 4-41　动态模糊参数设置

图 4-42　完成效果

案例三、波光粼粼

在 CorelDRAW 软件中制作，整体效果如图4-43所示。

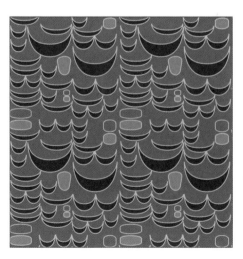

图 4-43　图案及应用

设计重点：月牙造型

关键工具与环节：修剪造型、形状工具、图形缩放

1. 月牙造型

（1）使用工具箱中的【椭圆】工具，绘制两个椭圆（图4-44）。

（2）执行【排列】/【造型】/【造型】命令，选择用来修剪的一个图形，在造型泊坞窗中选择
选项，单击 修剪 按钮，鼠标点击另一被修剪的图形，图形就被修剪好，图形轮
廓色CMYK值（0,29,15,0），填充色CMYK值（60,100,35,35），如图4-45所示。

（3）按两次【+】键复制月牙造型图形，分别延展变换造型（图4-46）。

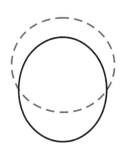

图4-44 椭圆绘制　　　　　　　图4-45 修剪造型　　　　　　　图4-46 变换造型

2. 波点造型

（1）使用工具箱中的【矩形工具】绘制一个矩形（图4-47）。用工具箱的【形状工具】进行
圆角处理（图4-48）。

（2）在属性栏中点击【转换为曲线】按钮✪，使用工具箱中的【形状工具】，选择四个节点，
再双击任一节点，删除四个节点（图4-49）。

图4-47 矩形绘制　　　　　　　图4-48 调整圆角　　　　　　　图4-49 删除节点

（3）按三次【+】键复制"药丸造型"图形。使用工具箱中的【形状工具】延展调整（图4-50）。
图形轮廓颜色设置为：CMYK值（0,29,15,0），填充颜色分别设置为：CMYK值（0,63,33,0）、
CMYK值（0,90,100,0），见图4 51。

（4）绘制单元矩形，图形无轮廓色，填充色CMYK值（54,15,8,41），见图4-52。把图形排列组合，
效果如图4-53所示。

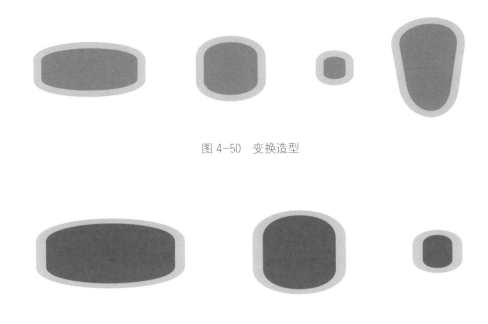

图 4-50　变换造型

图 4-51　填充颜色

图 4-52　单元矩形

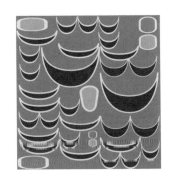

图 4-53　元素排列

3. 创建图样

　　从图像局部创建全色图样填充，执行【工具】/【创建】/【图案填充】，在弹出的对话框中选择全色类型，单击确定，选择要在图案中使用的区域点击确定（图 4-54），储存文件名为"月光波点"（图 4-55）。

4. 图案应用与材质

　　（1）绘制导入款式图（图 4-56）。

　　（2）选择衣片廓型，在工具箱中，单击图样填充按钮，弹出【图样填充】对话框（图 4-57），启用【全色】选项，定位到要使用的"月光波点"图像，然后单击【确定】按钮，完成效果如图 4-58 所示。

　　（3）完成面料小样，绘制一方形，执行【图样填充】完成面料小样（图 4-59）。

　　（4）执行【位图】/【转换为位图】命令，弹出水彩画对话框，设置参数如图 4-60 所示。

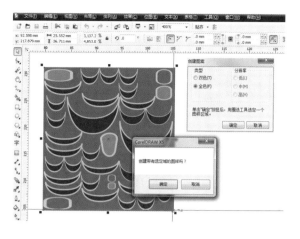

图 4-54　创建图案

图 4-55　保存图样

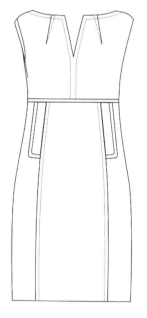

图 4-56　导入款式图

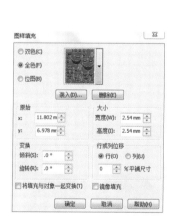

图 4-57　图样填充

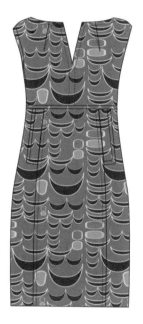

图 4-58　完成填图

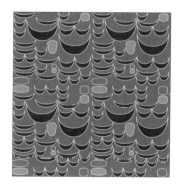

图 4-59　图样填充

图 4-60　转换为位图

（5）执行【位图】/【艺术笔触】/【水彩画】命令（图4-61），完成水彩效果，如图4-62所示。

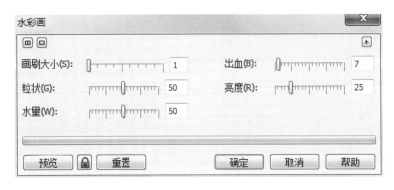

图4-61　水彩画

图4-62　水彩效果

案例四、环环相扣

在CoreIDRAW软件中制作，整体效果如图4-63所示。

设计重点：圆环排列、透叠效果

关键工具与环节：智能填充工具、旋转对象、【Ctrl+R】重复再制

图4-63　图案与应用

1. 圆环造型

（1）选择【圆形工具】，按住【Ctrl】键拖动鼠标，绘制一个圆（图4-64）。选中圆，按下键盘上的【+】键，在原处复制一个圆，按住【Shitf】键，向内等比例缩小圆（图4-65）。

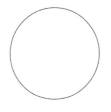

图 4-64　圆形绘制

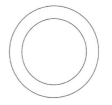

图 4-65　圆形绘制

（2）选择两个同心圆，按住【Ctrl】键，拖动圆环，水平移动到一定位置，同时单击右键，完成圆环复制（图 4-66）。按【Ctrl+R】组合键，完成重复再制（图 4-67）。

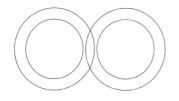

图 4-66　复制

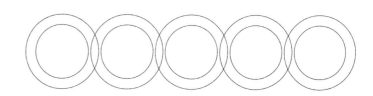

图 4-67　重复再制

（3）选择水平五个圆环，拖动图形同时按住【Ctrl】键，向下移动到一定位置，同时单击右键完成复制（图 4-68）。按【Ctrl+R】组合键，完成重复再制（图 4-69）。

（4）全选，按【Ctrl+G】组合键群组圆环造型。

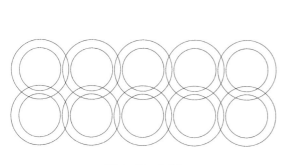

图 4-68　复制

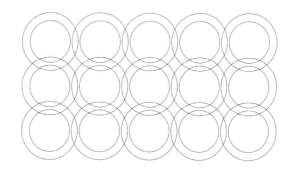

图 4-69　重复再制

2. 填色造型

（1）单击工具箱中的【智能填充工具】，属性栏中指定填充紫色：RGB 值（82,0,134），在对象上填色造型（图 4-70）。

（2）单击工具箱中的【智能填充工具】，属性栏中指定填充黑色：RGB 值（0,0,0）。 在圆环上填色造型。智能填充工具填充"梭子"区间白色：RGB 值（255,255,255），造型效果（图 4-71）。

（3）使用【挑选工具】，按【Ctrl+G】组合键群组图形。

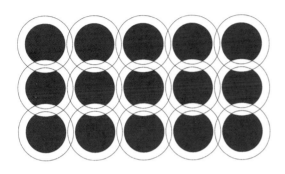

图 4-70　智能填充造型

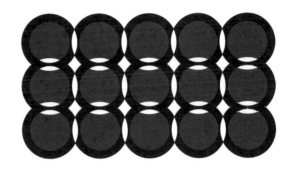

图 4-71　造型效果

3. 图案应用

（1）绘制导入款式图（图 4-72）。

（2）按【+】复制四个图形，分别执行旋转、复制排列（图 4-73）。

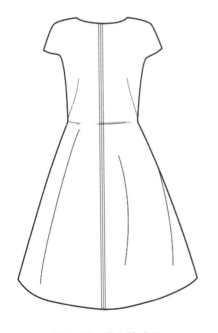

图 4-72　导入款式图

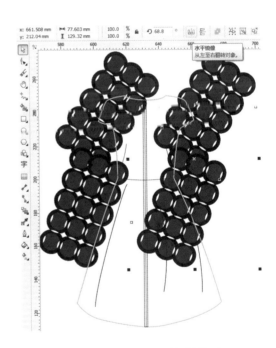

图 4-73　图形复制排列

（3）使用【挑选工具】选择图形，点击【水平镜像】按钮进行水平对称设计，执行菜单栏中的【效果】/【图框精确裁剪】/【放置在容器中】命令（图 4-74），图形放置在裙片中（图 4-75）。

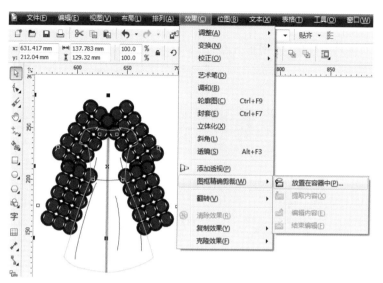

图 4-74 图框精确裁剪

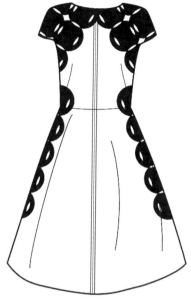

图 4-75 完成图案设计

案例五、枝叶婆娑

在 CorelDRAW 软件中制作，整体效果如图 4-76 所示。

设计重点：自由曲线图案

关键工具与环节：智能绘图工具、曲线处理、倾斜、旋转、缩放、智能填充工具

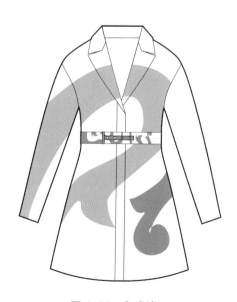

图 4-76 完成效果

1. 线条造型

（1）打开 CorelDRAW 软件，新建页面，执行菜单栏中的【文件】/【导入】命令，绘制或导入款式图（图 4-77）。

（2）单击工具箱中的【智能填充工具】，在属性栏指定填充白色、轮廓为黑色，在款式图外单击创建廓型（图 4-78）。

图 4-77　导入款式图

图 4-78　智能填充造型

（3）在封闭廓型上用【智能绘图工具】绘制图案线条，用【形状工具】调整节点（图 4-79）。

（4）按三次【+】键复制图案线条。把图案放置在腰带上，使用缩小、倾斜、旋转等变换造型，使用【形状工具】控制节点手柄，修改造型（图 4-80）。

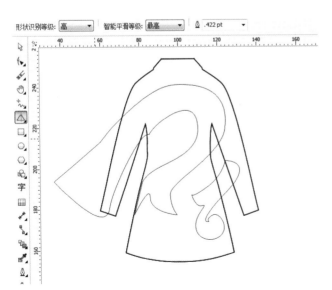

图 4-79　绘制图案线条

图 4-80　变换造型

（5）按两次【+】键复制另一图案线条。把图形放置在腰带部位，使用缩小、倾斜、旋转等变换造型，使用【形状工具】控制节点手柄，修改造型，选择图案线条，按【Ctrl+G】组合键进行群组（图4-81）。

（6）填充颜色：CMYK值（0,0,0,30），去除外轮廓。执行【效果】/【图框精确裁剪】/【放置在图框中】，完成腰带图案设计（图4-82）。

图4-81　变换造型

图4-82　图框精确裁剪

2. 填色造型

（1）单击工具箱中的【智能填充工具】，属性栏中设定填充颜色：CMYK值（0,0,0,30），在服装对象上单击，完成智能填充造型（图4-83）。

图4-83　智能填充造型

（2）把图案放置在款式图上，完成效果如图4-84所示。

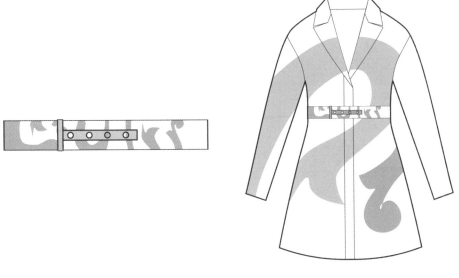

图 4-84　腰带与款式整体完成效果

案例六、卷草纹

在 CorelDRAW 软件中制作，整体效果如图 4-85 所示。

图 4-85　图案与肌理

　　设计重点：自由曲线图案、连续纹样

　　关键工具与环节：智能绘图工具、曲线处理、倾斜、旋转、缩放、图样填充

1. 花样设计

　　（1）【钢笔工具】和【形状工具】绘制图案（图 4-86）。

　　（2）【钢笔工具】和【形状工具】绘制图案，按【+】键复制，旋转、倾斜、缩放、节点调整完成造型（图 4-87）。

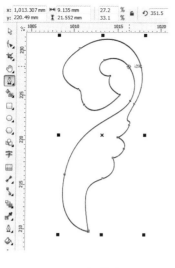

图 4-86 钢笔绘制

图 4-87 图案绘制

（3）双击【挑选工具】，按【+】键复制造型。单击水平镜像，水平移动到一定位置（图 4-88）。

（4）选择对象，在属性栏选择【焊接】 单击（图 4-89）。

（5）群组图形，按住【Ctrl】键，拖动图形，水平移动到一定位置。同时单击鼠标右键，完成图形复制，重复按两次【Ctrl+R】组合键，进行重复再制，完成效果如图 4-90 所示。

图 4-88 水平镜像

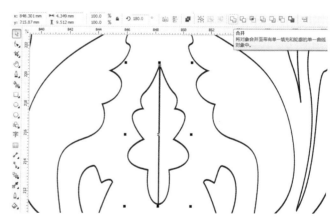

图 4-89 选择焊接

图 4-90 复制

（6）选择水平五个图形，拖动图形向下移动到一定位置，同时单击右键。重复按一次【Ctrl+R】组合键，完成重复再制（图4-91）。

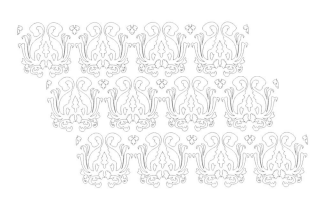

图 4-91　复制

2. 材质肌理模拟与图案应用

（1）导入或绘制款式图。单击裙片部分，按【＋】键复制造型，填入灰色，去除轮廓，转化为位图，如图4-92所示。选择裙片，依次执行【位图】/【添加杂质】指令（图4-93）与【位图】/【动态模糊】指令（图4-94）。完成效果如图4-95所示。

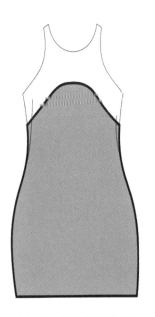

图 4-92　裙片部分填灰色

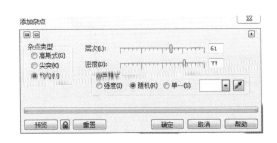

图 4-93　添加杂质

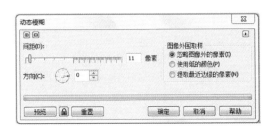

图 4-94　动态模糊

（2）选择设计的"花样设计"，复制进行图案排列，填充白色（图4-96），执行【效果】/【图框精确裁剪】/【放置在容器中】完成效果如图4-97所示。

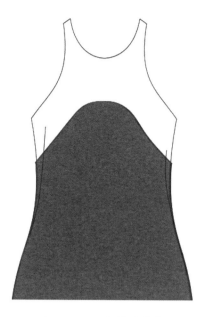

图 4-95　完成效果　　　　　　　　　图 4-96　图框精确裁剪　　　　　　　图 4-97　完成效果

（3）执行【位图】/【添加杂质】命令，添加杂质参数设置（图 4-98），完成效果如图 4-99 所示。执行【位图】/【模糊】/【动态模糊】命令，动态模糊参数设置（图 4-100），完成效果如图 4-101 所示。

（4）执行【位图】/【创造性】/【织物】命令，织物参数设置（图 4-102），完成效果如图 4-103 所示。

（5）完成拓展变化设计，单击先前设计的"花样设计"，大花型填充黑色，其他部分线条加粗（图 4-104），选择【效果】/【图框精确裁剪】/【放置在容器中】，出现箭头，单击衣片，完成花样填充（图 4-105）。

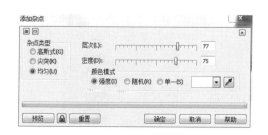

图 4-98　添加杂点

图 4-99　完成效果

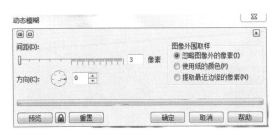

图 4-100 动态模糊

图 4-101 完成效果

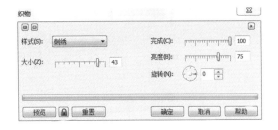

图 4-102 织物

图 4-103 完成效果

图 4-104 图框精确裁剪

图 4-105 完成效果

（6）花样底板填充白色，水平往中间缩小，如图4-106所示；执行【位图】/【创造性】/【彩色玻璃】命令，彩色玻璃参数设置见图4-107，完成效果见图4-108。

（7）复制设计的"花样设计"图案排列，填充白色，轮廓为黑色（图4-109）。选择【效果】/【图框精确裁剪】/【放置在容器中】，出现箭头，单击衣片，完成花样填充（图4-110）。

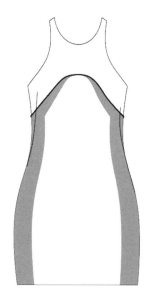

图4-106　缩小

图4-107　彩色玻璃

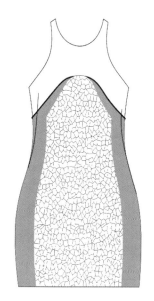

图4-108　图框精确裁剪
　　　　　完成效果

图4-109　图案设计

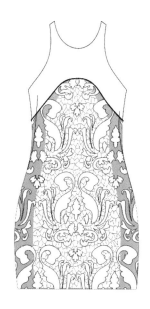

图4-110　图框精确裁剪
　　　　　完成效果

案例七、裘毛

在 CorelDRAW 软件中制作，整体效果如图 4-111 所示。

设计重点：毛质感肌理

关键工具与环节：漩涡处理、粗糙笔刷

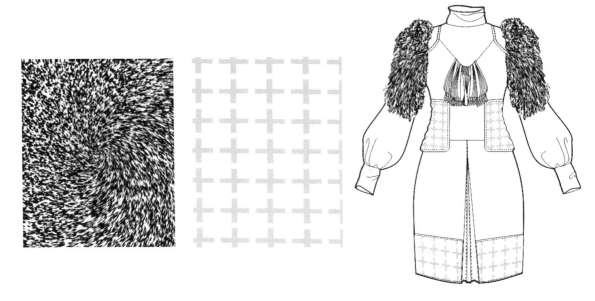

图 4-111　完成效果

1. 毛感设计

（1）绘制一矩形，填充色 CMYK 值 (0,0,0,0)，执行【位图】/【转换为位图】，如图 4-112 所示。

（2）执行【位图】/【艺术笔触】/【木版画】命令，弹出对话框，设置川图 4-113 所示，完成效果如图 4-114 所示。

图 4-114　木版画完
成效果

图 4-112　矩形　　　　　　　图 4-113　木版画

（3）执行【位图】/【创造性】/【漩涡】命令，弹出对话框，参数设置（图 4-115），完成效果（图 4-116）。

（4）绘制同（1）大小的矩形，执行【效果】/【图框精确裁剪】/【放置在图框中】命令（图 4-117），完成填充（图 4-118）。

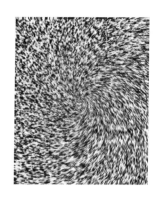

图 4-115　旋涡

图 4-116　旋涡完成效果

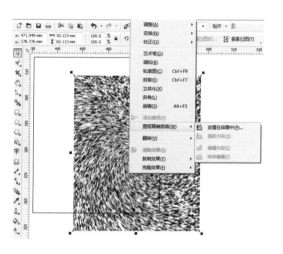

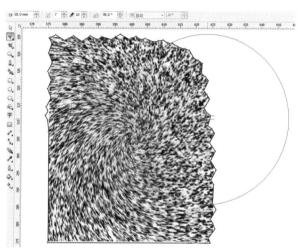

图 4-117　图框精确裁剪

图 4-118　粗糙笔刷完成效果

（5）在工具箱中选择【粗糙笔刷】，完成边缘粗糙操作，如图 4-119 所示。 导入款式图，完成对称设计，如图 4-120 所示。

图 4-119　粗糙笔刷完成效果

图 4-120　对称设计

2. 绗缝肌理

选择填充对象，在工具箱中，单击图样填充按钮，弹出【图样填充】对话框。启用【双色】选项，定位到要使用的图像，单击【确定】按钮（图 4-121），同样方法完成其他部位（图 4-122）。

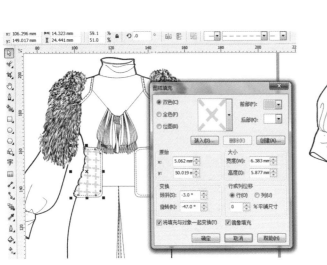

图 4-121　图样填充　　　　　　　　图 4-122　完成效果

案例八、针法编织

在 CorelDRAW 软件中制作，整体效果如图 4-123 所示。

图 4-123　针法与应用

设计重点：编织针法设计、罗纹设计

关键工具与环节：矩形工具、钢笔工具、形状工具、倾斜

1. 完成针法一：基础针法

（1）用【矩形工具】绘制矩形，用【形状工具】调整节点，完成圆角矩形。填充颜色：CMYK值（0,0,0,30）。轮廓颜色：CMYK值（0,0,0,70），见图4-124。按两次【＋】键，完成图形复制，执行转换为曲线 ⚙，分别用【形状工具】调整节点，完成图形（图4-125）。

（2）按【＋】键复制、镜像排列完成图形（图4-126）。

图4-124　圆角矩形　　　　　　图4-125　调整节点　　　　　　　　图4-126　排列

（3）从图像局部创建全色图样填充，执行【工具】/【创建】/【图案填充】，弹出创建图案对话框，选择【全色】选项，单击确定，选择要在图案中使用的区域。单击确定（图4-127）。储存文件名为"基础针法"。

（4）绘制一矩形，在工具箱中，单击【图样填充】按钮，弹出【图样填充】对话框。启用【全色】选项，定位到要使用的"基础针法"图像，然后单击确定（图4-128）。

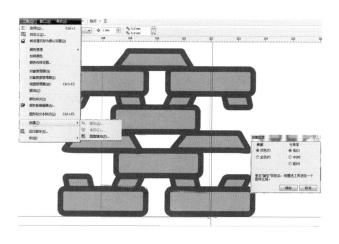

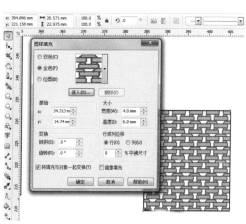

图4-127　创建图案　　　　　　　　　　　　图4-128　图样填充

2. 完成针法二：X 形针法

（1）【钢笔工具】和【形状工具】绘制图案。填充白色，轮廓设置颜色：CMYK 值（0,0,0,40）（图 4-129）。按【+】键复制，完成图形复制（图 4-130）。置于之前绘制的花样中（图 4-131）。

（2）选择绘制的图案旋转到一定角度，倾斜造型调整（图 4-132）。完成复制（图 4-133）。

（3）选择绘制的图案，按【+】键复制，单击属性栏【垂直镜像】按钮，移动对象到一定位置（图 4-134）。

（4）选择绘制的图案，按【+】键复制，移动到一定位置，单击属性栏【水平镜像】按钮，完成造型（图 4-135）。

图 4-129　钢笔绘制　　　　　　　　　　图 4-130　完成复制

图 4-131　置放　　　　　　　　　　图 4-132　旋转、倾斜造型

图 4-133　复制移动　　　　　图 4-134　垂直镜像　　　　　图 4-135　水平镜像

3. 完成针法整合

（1）完成X形针法之间的针法设计，填充颜色：CMYK值（0,0,0,70），轮廓颜色：CMYK值（0,0,0,80），见图4-136。

（2）从图像局部创建全色图样填充，执行【工具】/【创建】/【图案填充】，在弹出的对话框，选择【全色】选项，单击确定，选择要在图案中使用的区域，单击确定（图4-137）。储存文件名为"针法组合"。

图4-136　针法设计　　　　　　　　　　　　　　　　图4-137　图案填充

4. 完成针法三：罗纹设计

（1）导入款式图，在款式图领子部位，用手绘工具绘制两条直线，按【Ctrl+G】组合键进行群组，（图4-138）。选择对象两条直线，按【+】键复制两次，移动完成（图4-139）。双击对象两条直线，在旋转图标处拖动，完成效果（图4-140）。

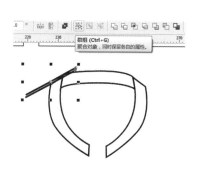

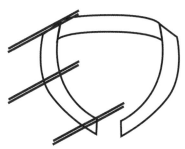
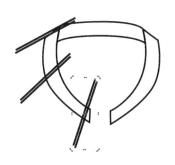

图4-138　绘制直线　　　　　　图4-139　复制移动　　　　　　图4-140　旋转调整

（2）选择工具箱的【交互式调和工具】，完成上部（图4-141）、完成下部调和（图4-142）。选择对象，按【+】键完成复制，选择属性栏【水平镜像】按钮，完成对称效果（图4-143）。

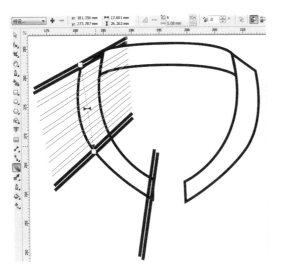

图 4-141 交互式调和上部

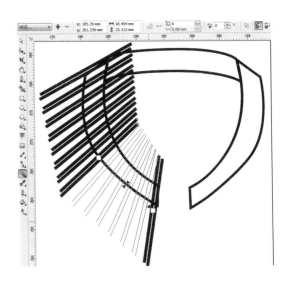

图 4-142 交互式调和下部

（3）选择左侧罗纹对象，执行【效果】/【图像精确裁剪】/【放置在容器中】（图 4-144）。出现箭头，单击左侧领圈，同样方法完成右侧领圈（图 4-145）。

图 4-143 对称设计

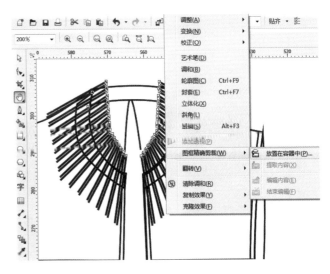

图 4-144 放置在容器中

（4）手绘工具直线，复制、旋转（图 4-146）。用【交互式调和工具】绘制罗纹线条（图 4-147）。选择罗纹效果，执行【效果】/【图像精确裁剪】/【放置在容器中】，出现箭头，单击后领圈，完成效果（图 4-148）。

5. 应用

（1）绘制或导入款式图（图 4-149），用【选择工具】点击选择衣片，在工具箱中，单击【图样填充】按钮，弹出【图样填充】对话框。启用【全色】选项，定位到要使用的"针法组合"图像，单击确定完成填充（图 4-150）；复制、镜像完成右衣片针织效果（图 4-151）。

图 4-145　精确裁剪完成效果

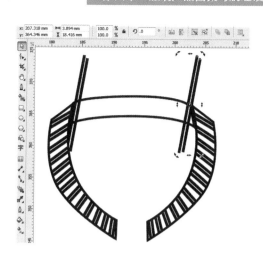

图 4-146　罗纹线条

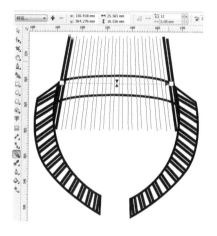

图 4-147　交互式调和

图 4-148　精确裁剪完成效果

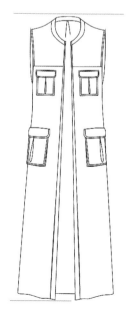

图 4-149　导入款式图

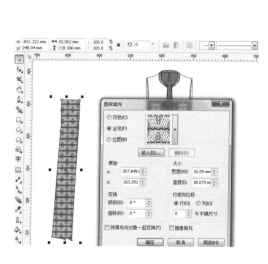

图 4-150　图样填充对话框

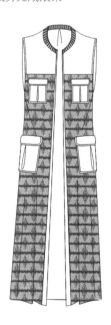

图 4-151　图样填充完成效果

（2）选择【选择工具】，单击选择后衣片，在工具箱中，单击【图样填充】按钮，弹出【图样填充】对话框。启用【全色】选项，定位到要使用的"基础针法"图像（图4-152）。单击确定完成效果（图4-153）。

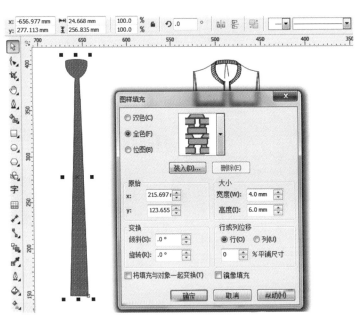

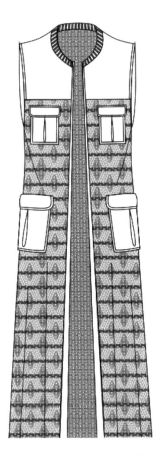

图4-152 图样填充对话框

图4-153 图样填充完成效果

案例九、彩条材质

在CorelDRAW软件中制作，整体效果如图4-154所示。

设计重点：编织针法

关键工具与环节：矩形工具、钢笔工具、形状工具、倾斜

1. 基础图形设计

（1）绘制一矩形，单击，进行倾斜变换（图4-155）。按【+】键复制，进行倾斜变换，完成效果（图4-156）；对图形进行色彩设计，填充色CMYK值（0,0,0,100），按【+】键复制对象，填充色CMYK值（0，0，20，0），见图4-157。

（2）按【+】键完成复制，缩小处理。填充色为CMYK值（0,0,0,100），CMYK值（67,1,9,0），如图4-158所示。

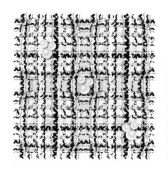 

图 4-154　面料图案与肌理

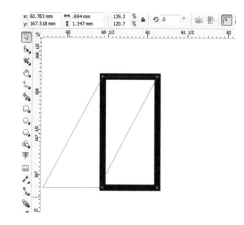

图 4-155　倾斜变换

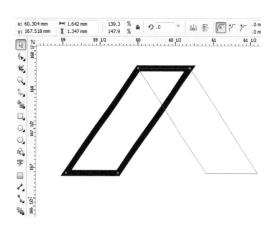

图 4-156　倾斜变换

图 4-157　填色

图 4-158　填色

（3）按【+】键，复制完成水平图形（图 4-159）。按【+】键，复制完成"基础图形"设计，完成效果如图 4-160 所示。

2. 彩条针织

（1）绘制矩形，填充色：CMYK 值（100,0,0,0），执行【位图】/【转换为位图】，执行【位图】/【创造性】/【马赛克】命令（图 4-161）。在弹出的马赛克对话框中设置数据（图 4-162），完成效果如图 4-163 所示。

（2）复制"基础图形"，置放在处理过的图上，执行【工具】/【创建】/【图案填充】，选择【全色】类型，单击确定，选择图形范围，完成图形创建（图 4-164）。

（3）绘制一方形，在工具箱中，单击【图样填充】按钮，弹出【图样填充】对话框，启用【全色】选项，定位到要使用的图像，然后单击确定（图 4-165），完成效果如图 4-166 所示。

3. 珠饰粗呢

（1）选择"基础图案"，按【+】键复制。在属性栏中设置选择 90°（图 4-167）。选择对象，按【Ctrl+G】组合键群组图形，执行【位图】/【转换为位图】命令，完成转化为位图效果（图 4-168）。

（2）执行【位图】/【三维效果】/【球面】命令（图 4-169），完成效果如图 4-170 所示。

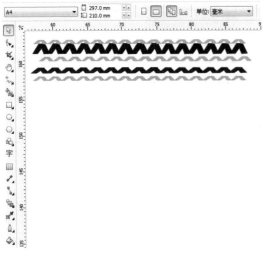

图 4-159　基础图形设计

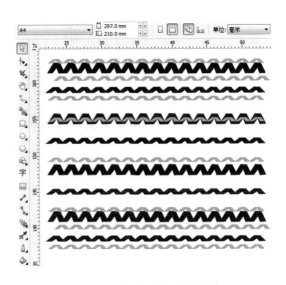

图 4-160　基础图形设计完成效果

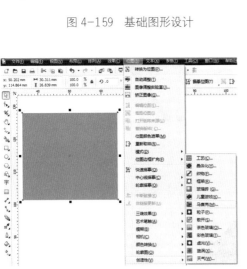

图 4-161　马赛克指令

图 4-162　马赛克对话框

图 4-163　马赛克完成效果

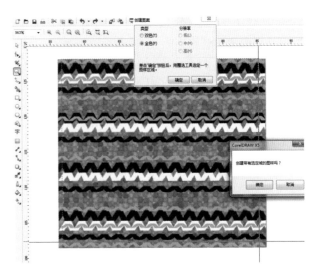

图 4-164　创建图样填充

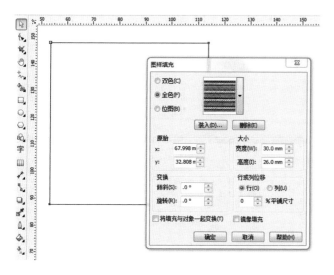

图 4-165　图样填充

图 4-166　完成效果

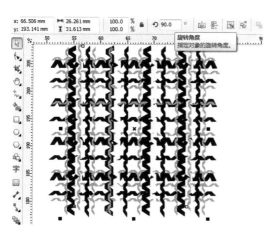

图 4-167　旋转调整

图 4-168　转换为位图

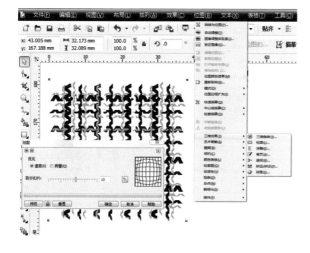

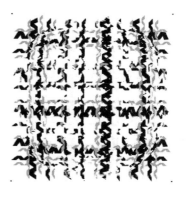

图 4-169　球面命令

图 4-170　球面命令完成效果

（3）按【+】键复制的同时，单击鼠标右键，完成复制。按【Ctrl+G】组合键群组图形，如图4-171所示。

（4）完成底色，绘制一方形，设置填充色CMYK值（0,0,0,30），无轮廓色。执行【排列】/【顺序】/【置于此对象后】命令（图4-172），粗呢完成效果如图4-173所示。

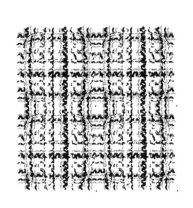

图4-171　复制排列

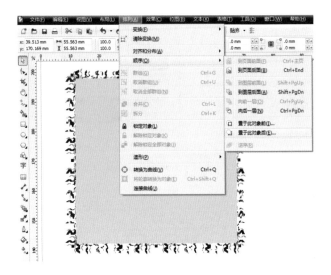

图4-172　排序

（5）按住【Ctrl】键绘制一正圆，选择【图样填充】/【渐变填充】，选择辐射类型，自定义颜色，位置1：CMYK值（0,0,0,10），位置42：CMYK值（0,0,0,30），位置100：CMYK值（0,0,0,0），完成效果与具体参数设置如图4-174所示。

（6）执行工具箱的【交互式阴影工具】，参数设置与效果如图4-175所示。

（7）按【+】键复制三个圆，并置于粗呢面料上，如图4-176所示。

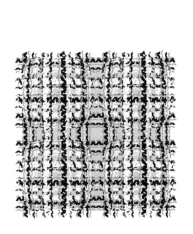

图4-173　粗呢完成效果

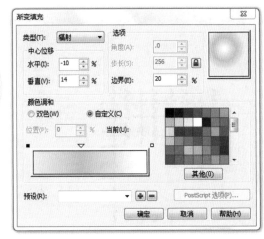

图4-174　辐射渐变与效果

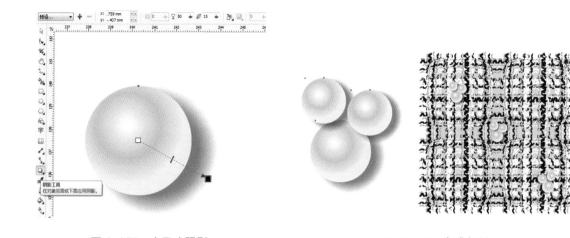

图 4-175　交互式阴影　　　　　　　　　　图 4-176　完成复制

小结：

　　服装面料是造型和色彩的载体，面料的图案与肌理丰富了服装设计语言。服装面料对于服装造型起着表达作用，另一方面对于服装造型起着补充作用。

　　在设计中利用数字化图形图像技术，把单一几何图案进行要素的重复、穿插、层叠等排列，可以方便地把循环或渐进形状轻松快速地制作出来。

第五章　服装设计拓展与效果图

学习要点：
1．着装人体模板选择与设计
2．计算机服装设计效果图绘制与设计拓展

第一节　相关知识

围绕一个主题或设计方向，借助色彩、造型和面料来创造出一个具有整体感的外观风貌。许多设计师正是基于对某一类特定主题的颂扬而建立起成功的品牌。

系列设计通常是由廓型、色彩和面料构建而成，只是侧重点有所不同，选择取决于设计师独特的审美观。设计师通常会在整个系列中保持廓型和色彩的一致，但会通过改变服装的品类、面料，在细节中运用图案进行微妙的变化。

设计拓展着眼于不同的长度、廓型、面料、色彩等。企业里，服装设计拓展的平面效果图会直接交给打板师，并由打板师根据设计来裁制纸样。因此，平面效果图应该正确无误地传递设计师的意图，一定避免打板师在理解方面有模棱两可的感觉。在没有坯布样衣可供参考的情况下，效果图与平面款式图可以帮助样衣制作者来了解服装的结构。

在服装平面效果图表现中首先应该学会选取和设计适于表现服装的人体模板。

第二节　人体模板

同样的人体模特，根据面部和颈部、手臂和手腕、腿部和脚部等部位的不同表情和姿态，可以演绎出各式各样的姿势与造型。实际绘制效果图时，应根据具体的时装设计款式来选择、确定哪种姿势能够最完美地展现时装的魅力。

案例一、自然行走的姿态

在 CorelDRAW 软件中制作，最后效果如图 5-1 所示。

动作设计重点：手臂自然伸展，重心在一只脚上

关键工具与环节：钢笔工具、形状工具

1．完成躯干、头颈部位

（1）打开 CorelDRAW 软件，执行菜单栏中的【文件】/【新建】命令，或使用【Ctrl+N】组合键，设定纸张大小为 A$_4$，竖向构图（图 5-2）。

（2）使用工具箱中的【钢笔工具】和【形状工具】，分别绘制头部、躯干（图 5-3）。

2．完成腿、手臂动态

（1）用【钢笔工具】和【形状工具】分别绘制手臂，受重力的右腿，重心落点在右脚（图 5-4）。

（2）绘制左腿，完成动态设计，注意每个局部需要交叠，便于后期焊接（图 5-5）。

图 5-1　自然行走的姿态

图 5-2　创建新稿

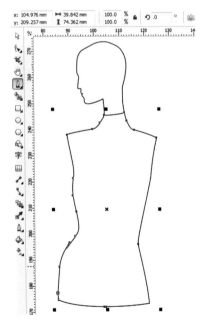

图 5-3　绘制头部、躯干

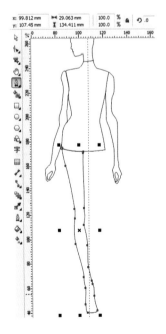

图 5-4　绘制右腿

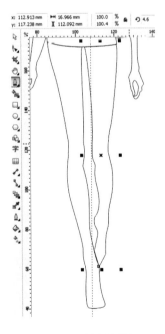

图 5-5　绘制左腿

3. 完成整体设计

（1）选择【挑选工具】全选对象，曲线按【+】键复制，并把复制的图形向右平移到一定位置（图5-6）。

（2）单击属性栏的【合并工具】 🔲，完成焊接。设置填充色 CMYK(0,0,0,100)，无轮廓。完成自然行走姿态（图5-7）。

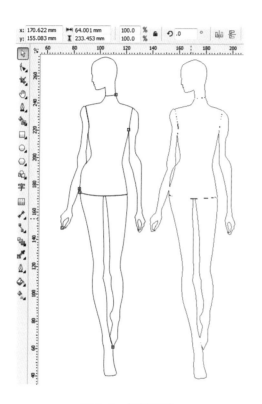

图 5-6　复制图形

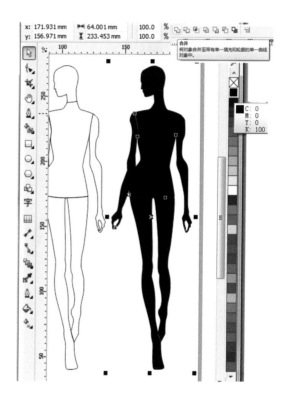

图 5-7　焊接

案例二、重心在一侧姿态

在 CorelDRAW 软件中制作，最后效果如图 5-8 所示。

动作设计重点：手臂弯曲、两腿分开、重心在一侧

关键工具与环节：刻刀工具、旋转

1. 调整手臂姿态

（1）复制未焊接的"自然行走的姿态"，作为新图稿。

（2）选择右手臂，用刻刀工具绘制（图5-9）。

（3）上手臂旋转方向（图5-10），下手臂旋转方向，位置移动（图5-11），完成效果如图5-12所示。

2. 调整腿部姿态

（1）选择右腿，单击，移动中心点到腿根部（图5-13），进行旋转、移动，完成效果（图5-14）。

（2）选择画完的右腿，按【+】键复制，单击属性栏【左右镜像】按钮，复制的腿移动到一定位置，进行旋转、倾斜等变换处理（图5-15）。

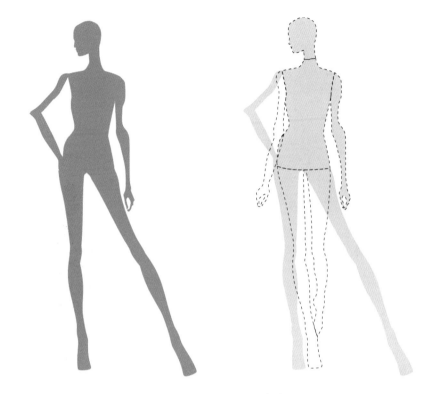

图 5-8　重心在一侧姿态

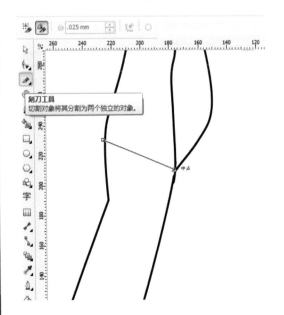

图 5-9　刻刀处理

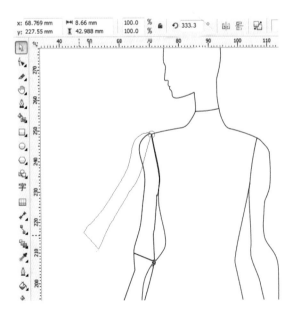

图 5-10　旋转造型

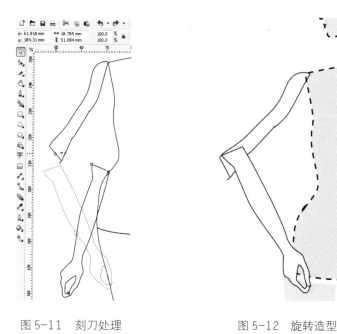

图 5-11　刻刀处理　　　　　　　　　图 5-12　旋转造型

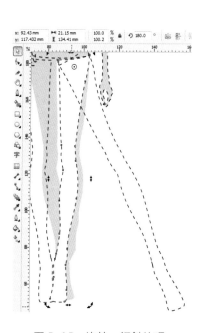

图 5-13　旋转处理　　　　　图 5-14　完成右腿　　　　图 5-15　旋转、倾斜处理

3. 完成动态

完成动态设计。全选对象，单击属性栏的【合并工具】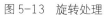，执行焊接。完成"重心在一侧姿态"（图 5-16）。

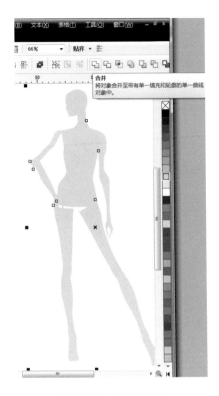

图 5-16 合并造型

案例三、面部表现

在 CorelDRAW 软件中制作,完成效果如图 5-17 所示。

设计重点:嘴唇饱满、眼睛、鼻子、头发单线勾勒

关键工具与环节:手绘工具、形状工具、B 样条工具

图 5-17 正面面部表现

1. 绘制头部、颈部

(1)用【钢笔工具】完成头部、颈肩部绘制(图 5-18)。选择颈部对象,进行【排序】操作。

(2)执行【排列】/【排序】/【置于此对象后】操作,填充白色,完成效果(图 5-19)。

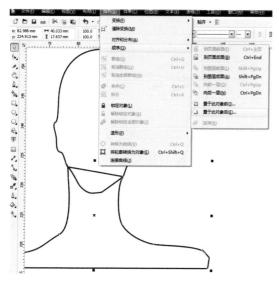

图 5-18 排序命令

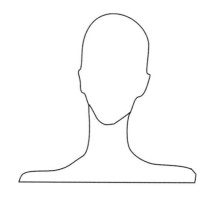

图 5-19 完成排序

2. 绘制五官、眉毛、头发表现

（1）用【手绘工具】和【形状工具】绘制眉毛、眼睛、脸颊，选择对象，按【+】键复制，在属性栏点击【左右镜像】，移动对象到另一侧，设置线条颜色为 RGB 值（128,125,111），见图 5-20。

（2）绘制头发、鼻子，设置线条颜色为 RGB 值（128,125,111），见图 5-21。

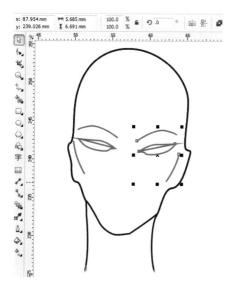

图 5-20 左右镜像

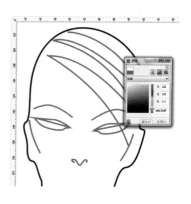

图 5-21 设置线条颜色

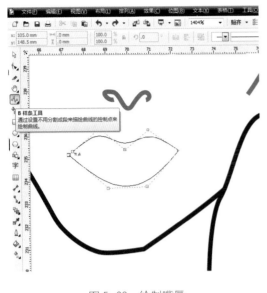

图 5-22　绘制嘴唇

图 5-23　设置线条颜色

（3）用【B 样条工具】绘制嘴唇（图 5-22），填色 RGB 值（204,102,153），如图 5-23 所示。

3. 绘制下颌阴影

（1）绘制颈部投影，设置填充颜色 RGB 值（128,125,111），轮廓无填充；绘制锁骨线条，设置线条颜色 RGB（128,125,111），如图 5-24 所示。

（2）焊接头部与颈部，填充颜色 RGB 值（196,190,154)，去除轮廓线（图 5-25）。

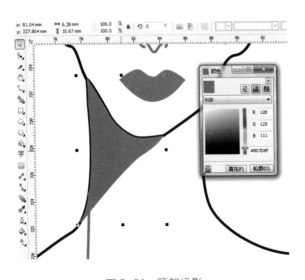

图 5-24　颈部投影

图 5-25　填充颜色

案例四、眼睛、嘴部表现

在 CorelDRAW 软件中制作，最后效果如图 5-26 所示。

设计重点：嘴唇饱满 、眼睛有神

关键工具与环节：渐变填充工具、交互式透明工具、艺术笔工具、虚光、智能填充工具

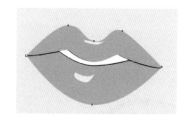

图 5-26　完成效果

1. 绘制眼睛

（1）用【钢笔工具】绘制眼睛轮廓，【椭圆形工具】绘制眼球，【智能填充工具】造型（图 5-27），【渐变填充工具】进行色填充（图 5-28）。

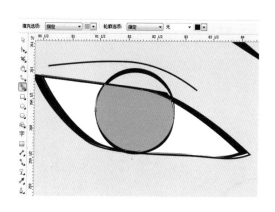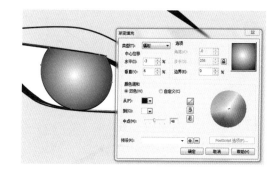

图 5-27　智能填充工具造型　　　　　　　　　　　图 5-28　渐变色填充

（2）绘制眼瞳，填色 CMYK 值（0，0，0，100）；高光绘制，使用【交互式透明工具】完成（图 5-29）；用【艺术笔工具】画眉毛、睫毛，设置填充 CMYK 值（0，0，0，100），轮廓色 CMYK 值（0,0,0,60），见图 5-30。

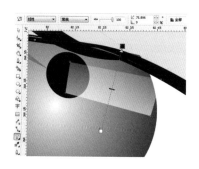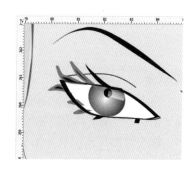

图 5-29　交互式透明工具　　　　　　　　　　　图 5-30　睫毛绘制

（3）用【钢笔工具】绘制眼影，设置填充CMYK值（16,31,20，0）（图5-31）。执行菜单栏【位图】/【转换为位图】命令，弹出"转换为位图"对话框，单击确定。

（4）执行菜单栏【位图】/【创造性】/【虚光】命令（图5-32），完成效果如图5-33所示。

（5）选择【Ctrl+G】组合键群组全部眼睛线形，按【+】键复制，在属性栏单击【水平镜像】按钮，移动对象到一定位置，如图5-34所示。

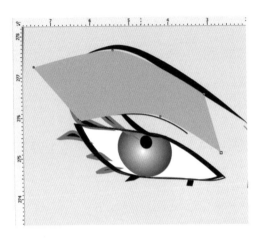

图5-31　绘制眼影

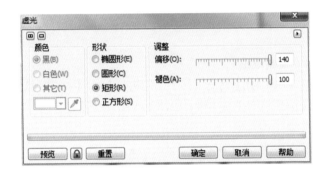

图5-32　虚光对话框

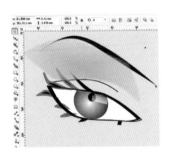

图5-33　虚光效果

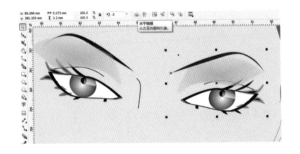

图5-34　对称

2．绘制嘴唇

（1）用【B样条工具】绘制嘴形，设置填充CMYK值（C，50，25，0），见图5-35。

（2）用【B样条工具】绘制唇线（图5-36）。

（3）用【智能填充工具】完成中间部位填色，设置填充CMYK值（0，0，0，0），完成高光的形状绘制，填色CMYK值（0,11,7,0），设置轮廓无填充；选择【挑选工具】，选择全部嘴部线形，按【Ctrl+G】组合键群组。完成正面五官表现效果（图5-37）。

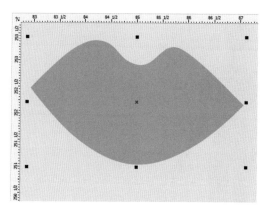

图 5-35　绘制嘴形

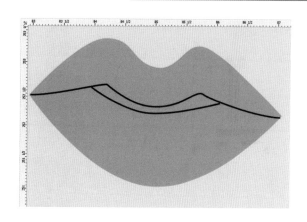

图 5-36　绘制唇线

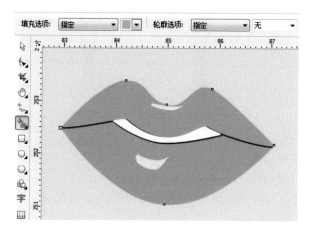

图 5-37　高光效果

第三节　服装设计拓展与效果图案例

案例一、经典线条系列造型

在 CorelDRAW 软件中制作，整体效果如图 5-38 所示。

款式设计重点：低腰、线条设计、对称衣襟装饰、对称口袋装饰

关键工具与环节：矩形工具、手绘工具、形状工具

（一）基本款式环节

1. 完成动态人模设计

（1）动态选择，手臂动态设计，脸部刻画，用【钢笔工具】勾画出眼睛、眉毛、鼻子、嘴唇、耳朵、头发等细节，线条轮廓色设置 RGB 值（128,125,111），绘制下颌、颈部阴影，设置填充色 RGB 值（196,190,154），轮廓无填充，完成效果如图 5-39 所示。

（2）用【钢笔工具】进行眼镜设计，用【交互式透明工具】完成镜片绘制（图 5-40）。

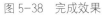

图 5-38　完成效果

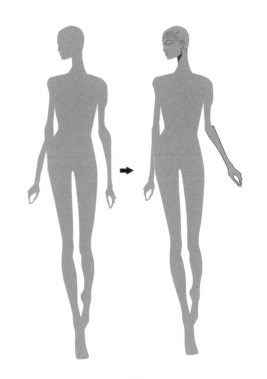

图 5-39　姿态设计

图 5-40　脸部设计

2.　完成主体款式效果线稿的绘制

（1）绘制上下廓型、袖窿线、衣服下摆线（图 5-41）。

（2）使用【矩形工具】和【形状工具】绘制完成前襟竖向装饰线、腰节宽边、袋口宽边线、袖口、领子等设计，填充黑色；用【圆形工具】完成纽扣设计，填充黑色（图 5-42）。

（3）用【手绘工具】绘制腰节、袖口处的碎褶设计，完成裙子的顺褶设计，用【形状工具】调整下摆（图 5-43）。

图 5-41　完成效果

图 5-42　局部设计

图 5-43　褶裥设计

（4）复制裙形，用【智能填充工具】填充，完成装饰条效果（图5-44）；绘制领花，完成整体款式设计如图5-45所示。

3. 完成阴影效果

（1）完成阴影设计，用【智能填充工具】完成阴影面（图5-46）。

（2）置于款式细节设计线稿下方，最终完成设计效果图（图5-47）。

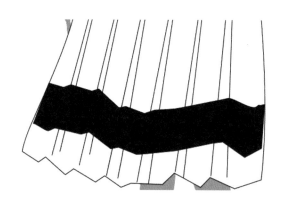

图 5-44　完成效果

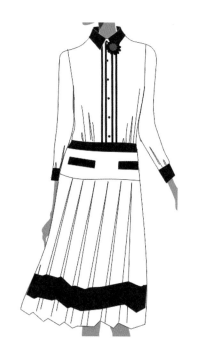

图 5-45　款式设计

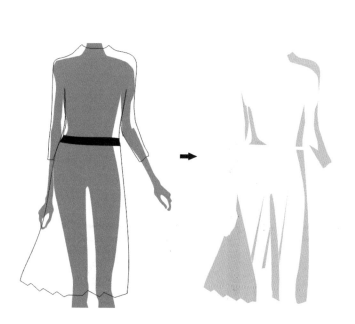

图 5-46　光影完成

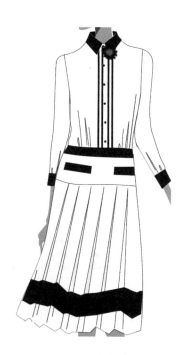

图 5-47　完成效果

（二）拓展款式环节

在 CorelDRAW 软件中制作，拓展款式整体效果如图 5-48 所示。

款式设计重点：低腰、线条设计、对称衣襟装饰、对称口袋装饰

关键工具与环节：矩形工具、圆形工具、手绘工具、形状工具

主要变化设计点如下：

1. 口袋拓展设计：口袋设计使用【矩形工具】绘制挖口袋（图 5-49）。
2. 纽扣设计：使用【圆形工具】绘制纽扣，完成效果（图 5-50）。

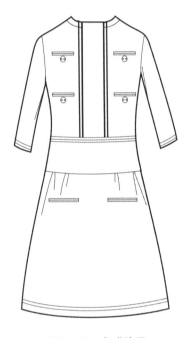

图 5-48　完成效果

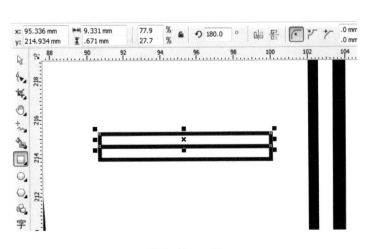

图 5-49　口袋

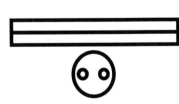

图 5-50　纽扣

案例二、超大格子系列造型

在 CorelDRAW 软件中制作，整体效果如图 5-51 所示。

款式设计重点：箱型轮廓、宽边、大格子图案、大圆扣、不对称设计

关键工具与环节：智能填充工具、矩形工具

（一）基本款式环节

1. 完成动态人模设计

（1）完成动态设计（图 5-52）。

（2）头部设计（图 5-53）。

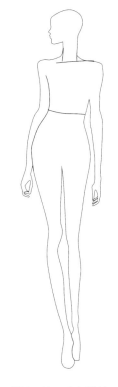

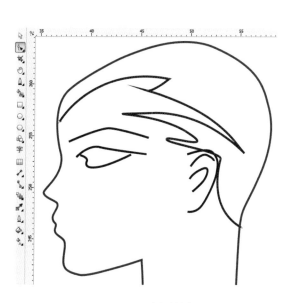

图 5-51　完成效果　　　　图 5-52　动态设计　　　　图 5-53　头部设计

2. 完成主体款式效果线稿的绘制

（1）根据平面图（图 5-54）绘制，用【钢笔工具】绘制廓型、填充白色，设计圆领领线、装饰前门襟、腰带（图 5-55）；用【智能填充工具】填充造型，完成区间造型设计，便于面料填充（图 5-56）。

（2）绘制裙子的顺褶、下摆开衩线，调整下摆（图 5-57）。

（3）绘制腰带扣环，绘制纽扣、完成款式绘制（图 5-58）。

3. 完成面料设计

（1）用工具箱【矩形工具】绘制方形单元格，设计条纹（图 5-59）。

（2）用【智能填充工具】完成方块的造型与填色，智能填充色设置颜色，依据面积从少到多依次是 CMYK(0,0,0,10)、CMYK(0,0,0,70)、CMYK(0,0,0,20) 去除轮廓线，完成效果如图 5-60 所示。

（3）用工具箱【矩形工具】绘制方形单元格，进行条纹设计（图 5-61）。

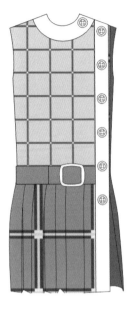

图 5-54　平面图

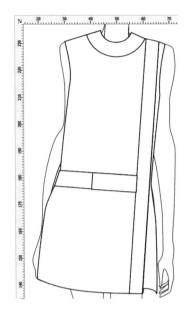

图 5-55　廓型绘制

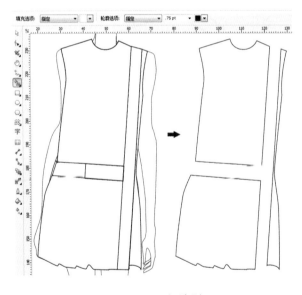

图 5-56　区间造型

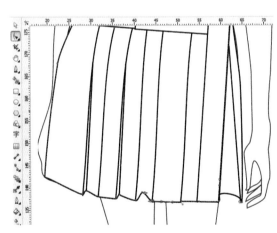

图 5-57　绘制顺褶

　　（4）用【智能填充工具】完成方块的造型与填色，智能填充色设置颜色，面积从少到多依次是 CMYK（0,0,0,10）、CMYK（0,0,0,20）、CMYK（0,0,0,80）、CMYK（0,0,0,50），去除轮廓线，完成效果如图 5-62 所示。

　　（5）执行【工具】/【创建】/【图案填充】操作，完成两个图案的创建（图 5-63）。

4. 完成服装效果图面料填充图

　　采用【图案填充】完成图案的应用设计（图 5-64）。

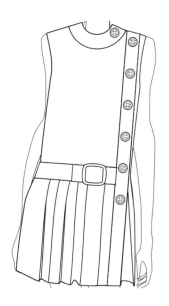

图 5-58　绘制完成

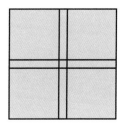

图 5-59　方形单元格

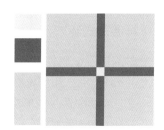

图 5-60　颜色填充

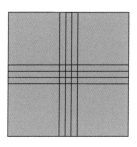

图 5-61　方形单元格

图 5-62　颜色填充

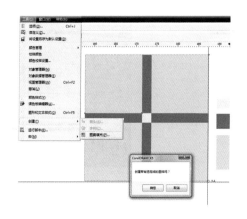

图 5-63　创建图案

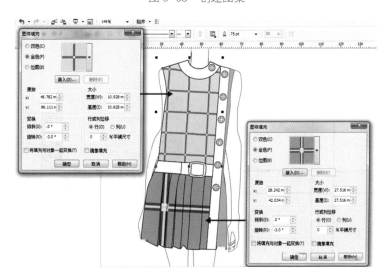

图 5-64　图案填充

（二）拓展款式环节

在 CorelDRAW 软件中制作，整体效果如图 5-65 所示。

款式设计重点：箱型轮廓、宽边、大格子、大圆扣、对称设计

关键工具与环节： 智能填充工具、矩形工具

主要变化设计点如下：

1. 格子拓展设计

（1）用工具箱【矩形工具】绘制完成条纹设计，【智能填充工具】完成方块的造型与填色，具体色彩设置如图 5-66 所示，完成效果如图 5-67 所示。

图 5-65　完成效果

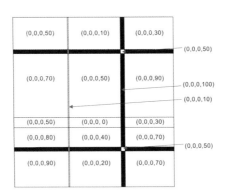

图 5-66　CMYK 值

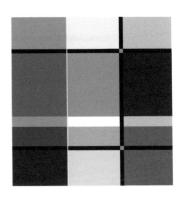

图 5-67　完成填色效果

（2）用工具箱【矩形工具】绘制完成单元条纹设计（图 5-68）。用【智能填充工具】完成方块的造型与填色，具体色彩设置依据面积从少到多依次是 CMYK（0,0,0,60）、CMYK（0,0,0,100）、CMYK（0,0,0,20），去除轮廓线，完成效果如图 5-69 所示。

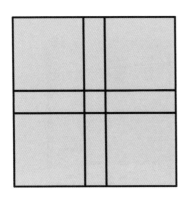

图 5-68　方形单元格

图 5-69　颜色填充

2. 款式拓展变化与图案应用

（1）拓展变化设计款式，调整衣襟到中间（图5-70）。采用【图案填充】完成图案的应用设计（图5-71）。

（2）采用【位图】/【图框精确裁剪】/【放置在容器中】完成大型图案的设计应用（图5-72）。

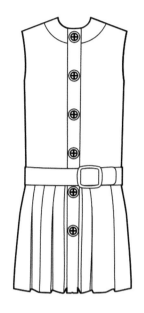

图 5-70　门襟调整设计

图 5-71　条纹设计

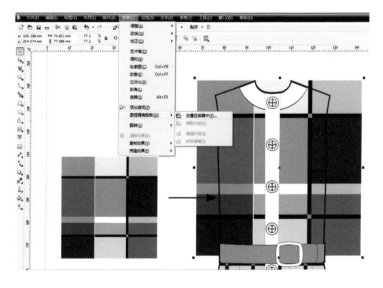

图 5-72　图框精确裁剪

（三）拓展款式环节 2

在 CorelDRAW 软件中制作，整体效果如图 5-73 所示。

款式设计重点：箱型轮廓、宽边、大格子、大圆扣、对称设计

关键工具与环节：智能填充工具、矩形工具、渐变填充交互式阴影工具

主要变化设计点如下：

1. 格子拓展设计

（1）用工具箱【矩形工具】绘制方形单元格与条纹（图 5-74）。

（2）用【智能填充工具】完成方块的造型与填色，智能填充色设置颜色，依据面积从少到多依次是 CMYK(0,0,0,0)、CMYK(0,0,0,70)、CMYK(0,0,0,40)，去除轮廓线，完成效果如图 5-75 所示。

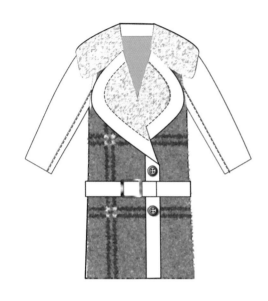

图 5-73　整体效果

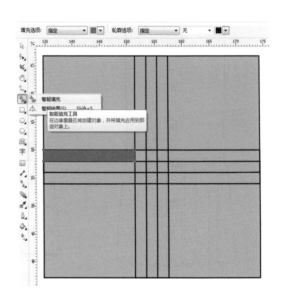

图 5-74　图框精确裁剪

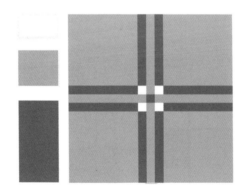

图 5-75　图样填充

2. 格子应用与肌理处理

（1）拓展设计完成外套款式设计与绘制（图 5-76），选择工具箱的【图案填充】工具，完成图案的设计应用（图 5-77）。

（2）面料肌理设计，执行【位图】/【转换为位图】命令，继续执行【位图】/【扭曲】/【涡流】命令，完成效果设计（图 5-78）。

（3）纽扣质感与阴影设计，完成纽扣阴影设计（图 5-79），完成纽扣渐变质感设计（图 5-80）。

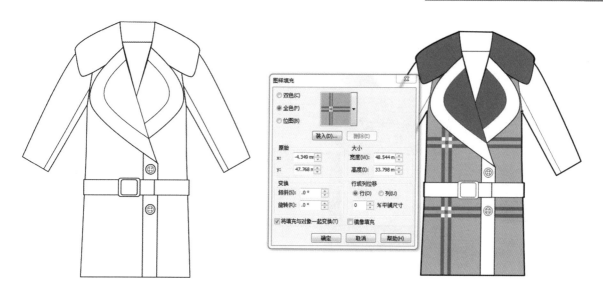

图 5-76　款式设计　　　　　　　　　　　　　　　　　　　图 5-77　图样填充

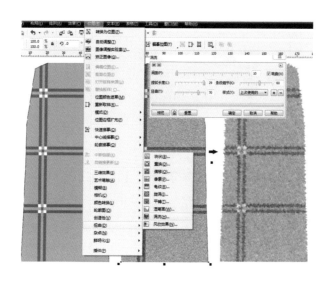

图 5-78　条纹设计

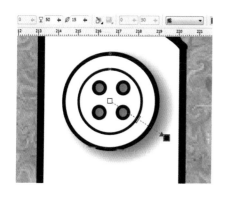

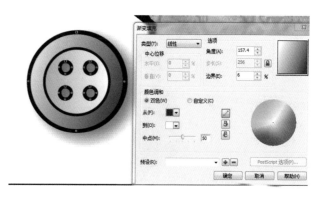

图 5-79　阴影设计　　　　　　　　　　　　　　　　图 5-80　渐变填充

（4）腰扣环的质感与体感设计，完成单色填充（图5-81），按【＋】键复制，移动对象到一定位置，完成放射式渐变填充，如图5-82所示。

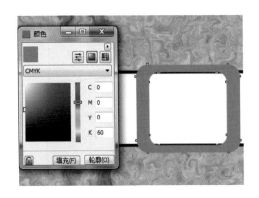

图 5-81　单色填充

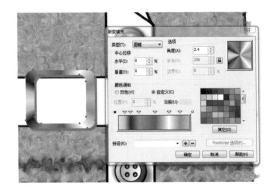

图 5-82　渐变填充

案例三、点饰系列图案设计与应用

在 CorelDRAW 软件中制作，整体效果如图 5-83 所示。

款式设计重点：圆点、规整、镂空

关键工具与环节：手绘直线、形状工具、钢笔工具

（一）基本款式环节

1. 完成主体款式绘制与面料肌理

（1）绘制衣片廓型，绘制袖子，完成腰部分割线、袖口线设计（图5-84）。

图 5-83　完成效果

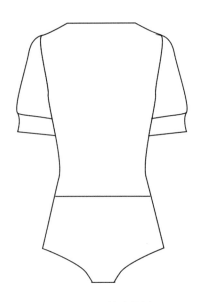

图 5-84　款式设计

（2）完成色彩填充，色彩设置CMYK(53、47、7、0)；衣片执行【位图】/【转换为位图】，执行【位图】/【添加杂质】；执行【位图】/【模糊】/【高斯式模糊】，如图5-85所示。

2.　完成领子设计

（1）用【钢笔工具】完成基本圆角翻领设计，填充白色，用【形状工具】适当位置添加节点（图5-86）；选择添加的所有节点，单击属性栏的【尖突节点】图标 ✎（图5-87），把节点类型转换为尖突节点，调节手柄与线条完成曲线造型（图5-88）。

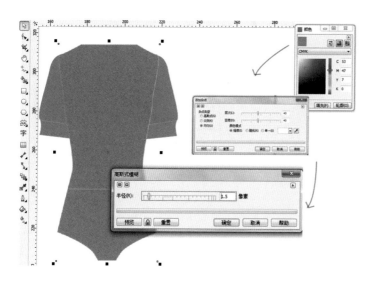

图5-85　色彩设置

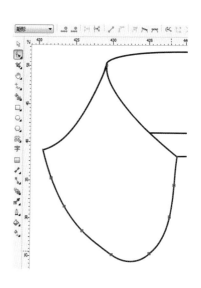

图5-86　添加节点

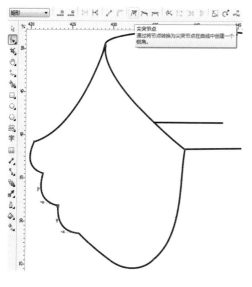

图5-87　节点调整

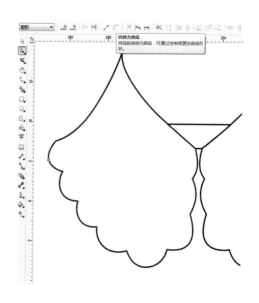

图5-88　完成曲线造型

（2）绘制领端部的装饰。按【+】键复制领子，选择如图5-89所示的两节点，单击属性栏【断开节点】操作，继续执行【排列】/【拆分曲线】命令，删除其余部分，线条进行加粗设置。完成对

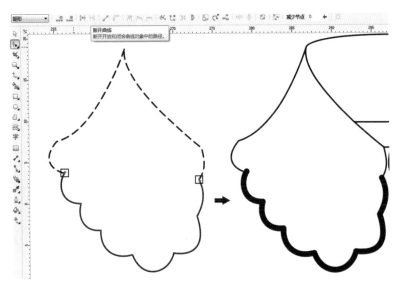

图 5-89　领端装饰

称设计，完成后领座设计。

（3）绘制重叠的两圆点与水滴形基础图形设计（图 5-90），进行角隅图案设计（图 5-91），完成对称设计，如图 5-92 所示。

3. 菱形图案设计与应用

（1）菱形设计，绘制矩形，单击属性栏【转换为曲线】图标⌒，在属性栏设置选择 45° 确定（图 5-93）；纵向进行放大，并添加节点（图 5-94）；执行【转化为曲线】命令，控制手柄调整完成效果，如图 5-95 所示。

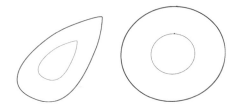

图 5-90　基础图样设计

（2）在原处复制造型，按住【Ctrl】键与【Shift】键完成等比例缩小（图 5-96），在内部完成镂空图案设计，线条颜色设计为浅色，效果如图 5-97 所示。

（3）设计连续纹样，置于服装款式上，应用【位图】/【图框精确裁剪】/【放置在容器中】完成图案设计与应用（图 5-98）。配上完成的领子，最终效果如图 5-99 所示。

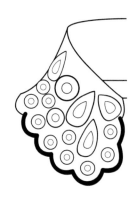

图 5-91　角隅图案设计　　　　　　　　　图 5-92　对称设计

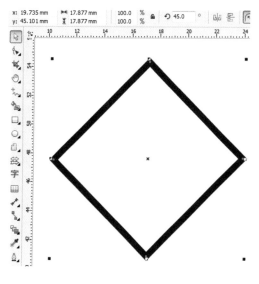

图 5-93　菱形设计

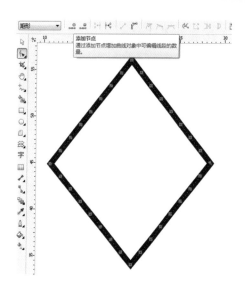

图 5-94　添加节点

图 5-95　完成效果

图 5-96　复制缩小

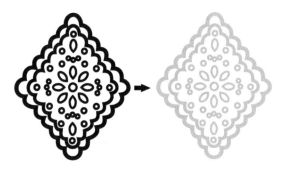

图 5-97　镂空设计

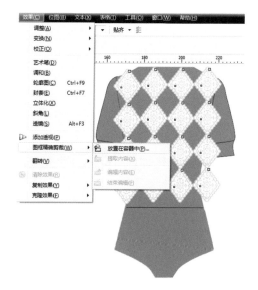

图 5-98　图案设计与应用

图 5-99　完成效果

（二）拓展款式环节 1

在 CorelDRAW 软件中制作，拓展款式整体效果如图 5-100 所示。

款式设计重点：低腰、线条设计、对称口袋线

关键工具与环节：手绘直线、形状工具

主要变化设计点如下：

1. 图案设计

用圆形工具绘制，完成点饰纹样设计，线条颜色设计为蓝色，按【+】键复制镜像，完成纹样（图 5-101）。

图 5-100　完成效果

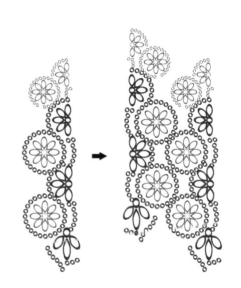

图 5-101　纹样设计

2. 图案应用

（1）导入绘制的款式图（图 5-102）。

（2）图案置于服装款式上，设置部分图案的填充色为黑色。执行【位图】/【图框精确裁剪】/【放置在容器中】操作，完成图案应用（图 5-103），配上完成的领子。

（三）拓展款式环节 2

在 CorelDRAW 软件中制作，拓展图案设计效果如图 5-104 所示。

设计重点：重复花心、旋转花瓣、散点式四方连续

关键工具与环节：【+】键复制、缩放、旋转、修剪造型、【Ctrl+D】组合键再制

主要变化设计点如下：

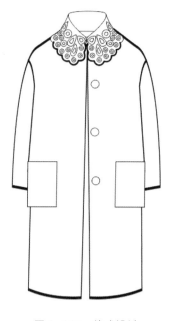

图 5-102　款式设计

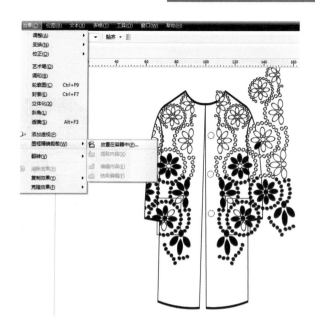

图 5-103　图案应用

1. 图案设计

（1）绘制一方形，填充颜色 RGB 值 (15,27,87)，用【圆形工具】绘制完成点饰花心纹样设计，线条颜色设计为白色；绘制白色椭圆形花瓣（图 5-105）。

图 5-104　图案设计

图 5-105　花心与花瓣

（2）按【+】键复制，完成图案排列，执行【工具】/【创建】/【图样填充】命令，单击确定（图 5-106），完成的单元图案效果如图 5-107 所示。

2. 拉链设计与图案应用

（1）拉链设计，用【矩形工具】完成门襟上方拉链齿，填充白色（图 5-108），按【+】键完成复制，拖动到下方位置，单击工具箱【交互式调和工具】执行调和，完成拉链齿设计（图 5-109）；同样方法完成口袋、袖口部位拉链齿设计，设置填充色与轮廓色 RGB 值均为（15,27,87），通过【效果】/【图框精确裁剪】/【放置在容器中】，把拉链设计入嵌条（图 5-110）。

（2）用【钢笔工具】绘制完成拉链位置；选择完成的拉链，单击属性栏的【路径属性】，出现箭头，单击拉链位置线条对象，完成拉链设计（图 5-111）；完成另一侧拉链设计（图 5-112）。

（3）应用【图样填充】工具（图 5-113）填充衣片与袖子，完成效果如图 5-114 所示；同样方法完成裙子的图案设计与填充，效果如图 5-115 所示。

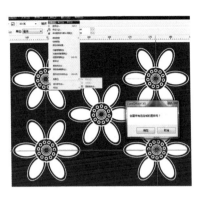

图 5-106　图案排列

图 5-107　单元纹样

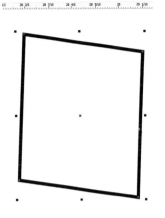

图 5-108　拉链齿

图 5-109　交互式调和

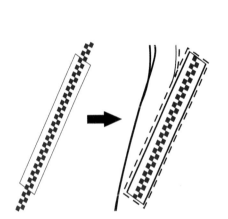

图 5-110　拉链设计

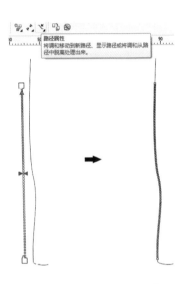

图 5-111　拉链应用设计

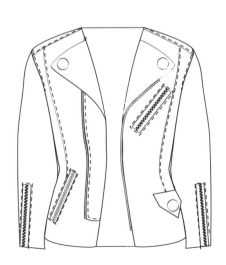

图 5-112　拉链应用

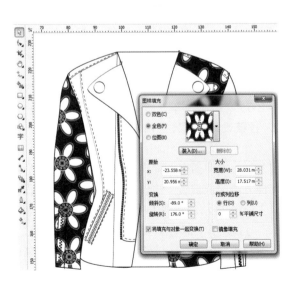

图 5-113　图样填充

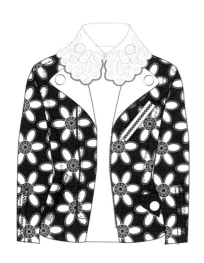

图 5-114　完成效果

图 5-115　图案与应用

案例四、体感设计单品

在 CorelDRAW 软件中制作，整体效果如图 5-116 所示。

款式设计重点：雕塑感、建筑感、造型简洁

关键工具与环节：智能填充工具、渐变填充工具

（一）基本款式环节

1. 完成款式图

（1）绘制衣身廓型与结构线设计（图 5-117）。

（2）完成袖子廓型设计（图 5-118）。

（3）完成袖子内部线条绘制，完成袖子对称设计（图 5-119）。

（4）完成领子、纽扣、扣眼、口袋设计等局部设计，设置服装内层阴影（图 5-120）。

2. 完成着装效果

选择模特动态，完成着装与线条的设计调整（图 5-121），并完成阴影设计（图 5-122）。

3. 完成三个色彩方案

服装颜色从左至右分别为：RGB（212，175，130）；RGB（168，209，193）；RGB（130，188，194）；阴影部分分别为：RGB（191，159，121）；RGB（161，188，169）；RGB（108，162，168）；线条色彩分别为：RGB（74，51，28）；RGB（63，79，55）；RGB（30，72，79）；色彩效果如图 5-123 所示，配色效果如图 5-124 所示。

（二）拓展款式环节

在 CorelDRAW 软件中制作，整体效果如图 5-125 所示。

图 5-116　完成效果

图 5-117　衣身设计

图 5-118　袖子

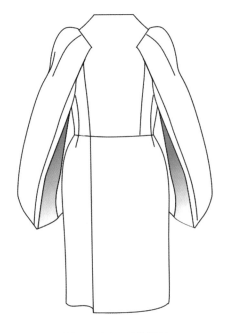

图 5-119　对称设计

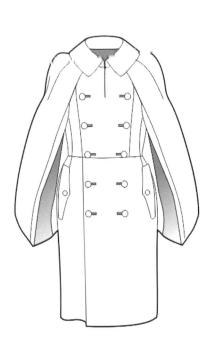

图 5-120　完成款式设计

图 5-121　完成着装

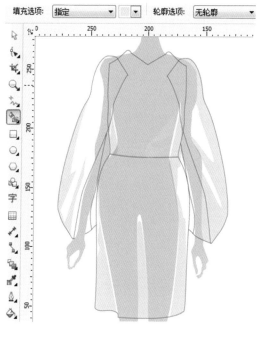

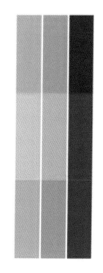

图 5-122　阴影设计

图 5-123　色彩效果

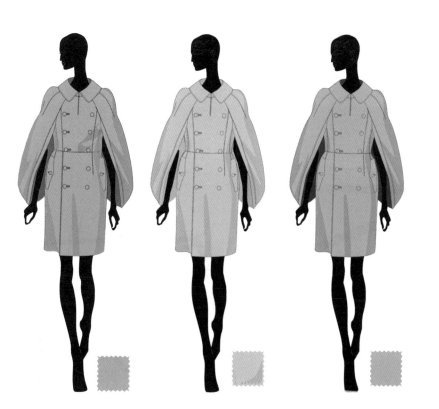

图 5-124　配色效果

图 5-125　完成效果

款式设计重点：雕塑感、建筑感、造型简约

关键工具与环节：智能填充工具、艺术笔工具、渐变填充工具

1. 款式绘制

（1）绘制衣身与裙子廓型，完成领线与襟部的长条装饰设计，运用【智能填充工具】完成造型，为填充颜色做好准备（图5-126）；完成褶线设计（图5-127）。

（2）【艺术笔工具】完成襟条设计（图5-128）；【圆形工具】绘制扣子，完成效果如图5-129所示。

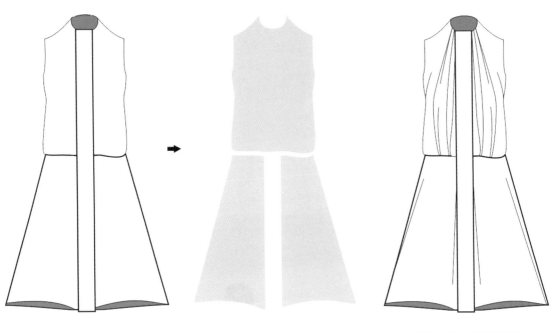

图5-126　造型　　　　　　　　　　　　　　　图5-127　褶线设计

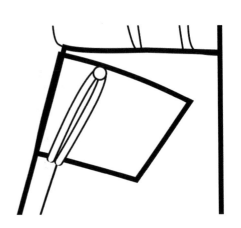

图5-128　襟条设计　　　　　　　　　　　　　　图5-129　绘制扣子

2. 完成配色

选择模特动态，着装并调整。服装上衣颜色设置 RGB 值为 (221,227,215)，左右裙片分别运用渐变填充工具设色，渐变色两端色设置 RGB 值 (172,153,139)，位置 45 处为白色，参数设置如图 5-130 所示；左侧具体参数与整体完成效果如图 5-131 所示。

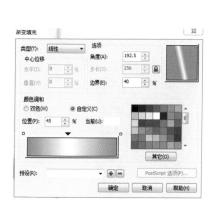

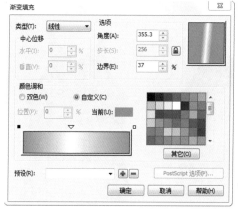

图 5-130　渐变填充

图 5-131　完成效果

案例五、同款不同色彩不同质地应用设计

选用款式与图案如图 5-132 所示，选用色彩如图 5-133 所示。

在 CorelDRAW 软件中制作，整体效果如图 5-134 所示。

款式设计重点：套色配色、多色配色、色调调整、透明质感、拼接

关键工具与环节：吸管选色、吸管应用颜色、图框精确裁剪、色彩调整、虚光

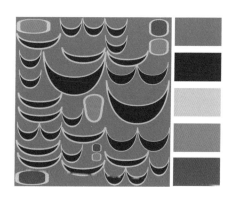

图 5-132　款式与图案

图 5-133　色彩提取

1. 配色

　　（1）进行配色实践，用吸管工具提取图 5-133 色彩，色彩值从上至下依次为：CMYK 值（54,15,8,41），CMYK 值（60,100,35,35），CMYK 值（0,29,15,0），CMYK 值（0,63,33,0），CMYK 值（0,90,100,0）；配色效果如图 5-134 所示。

　　（2）用【吸管工具】完成选择色配色，两色配色（图 5-135），三色配色（图 5-136）。

　　（3）选择色配色，四色配色，形成渐变的设色效果（图 5-137）。

图 5-134　配色效果

图 5-135　两色配色

图 5-136　三色配色

图 5-137　四色配色、渐变设色

2. 色彩调整

（1）色调调整，用工具箱中的【挑选工具】，选择图案裙片部分，进行【位图】/【转换为位图】指令操作，对位图进行【效果】/【调整】的【色度】/【饱和度】/【亮度】指令的操作（图 5-138）；完成参数设置（图 5-139）。

（2）色调调整完成效果如图 5 140 所示。色彩值从上至下依次为：CMYK 值（51,85,10,24），CMYK 值（31,100,96,35），CMYK 值（0,11,63,0），CMYK 值（0,6,29,0），CMYK 值（41,0,99,0）。

图 5-138　【色度】、【饱和度】、【亮度】指令

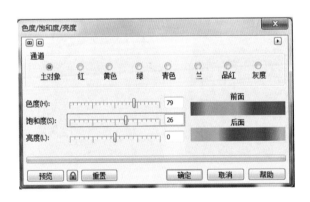

图 5-139　参数设置

图 5-140　完成效果

3. 质地变化组合

（1）拼接设计，把变化前后的图案进行组合运用，完成水平拼接设计效果如图 5-141 所示，同样方法完成变化拼接设计（图 5-142）。

图 5-141　水平拼接设计

图 5-142　变化拼接设计

（2）透明效果处理，用【工具箱】中的【挑选工具】，选择完成色彩调整的裙片，执行【位图】/
【创造性】/【虚光】指令（图 5-143），出现参数设置对话框，参数设置与完成透明效果如图 5-144
所示。

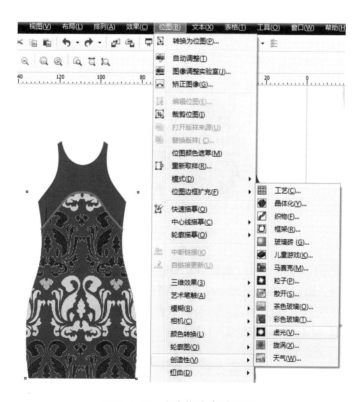

图 5-143　虚光指令参数设置

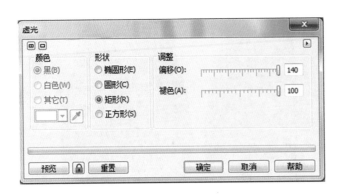

图 5-144　虚光参数设置与透明效果

案例六、毛皮服装设计

在 Photoshop 软件中制作，整体完成效果如图 5-145 所示。

款式设计重点：造型简洁、材质丰厚、色彩华丽

关键工具与环节：魔棒工具、画笔、仿制工具、自由变换

（1）在进行计算机辅助设计前，将手绘图稿以 300dpi 的分辨率扫描好。启动 Photoshop 软件，在"文件"里"打开"扫描好的线稿。

图 5-145　效果图

（2）分离线条和背景。选择工具箱【魔棒工具】，左键点选白色底稿，在键盘上选择【Delete】键，在图层面板右击该图层，选择【图层属性】，在弹出的对话框中命名"线稿"。在图层面板新增一白色背景图层，如果左击"背景"层前部的"眼睛标志"，可以隐藏背景。线条和背景分离而处在一个透明的图层上（图5-146）。

（3）新建一个图层，命名"皮肤"，在此图层上给皮肤上色，在"工具面板"下部左击"前景色"方块，设定皮肤颜色CMYK值(13,23,40,0)。到"线稿"图层上用【选择工具】选择需要填色的部位，按住【Shift】键可以增加选区，回到"皮肤"图层用【画笔工具】绘制。选用"工具面板"中"减淡"、"加深"工具，根据自己想象的光源方向适当地提亮高光和加深暗部，画出人体的立体感（图5-147）。

（4）在【工具面板】中设置头发的基色CMYK(9,18,11,52)，选取【画笔】工具，调节大小参数和透明度参数，以不同程度的透明色反复喷涂、绘制头发（图5-148）。根据作品风格和自己的喜好绘制脸部细节，如眼影、腮红、唇彩等。要灵活地调节【画笔】的参数（图5-149）。

（5）应用选择的毛皮面料，【仿制工具】应用到服装中，进行透明、模糊处理（图5-150）。选取【画笔】工具，调节大小参数和透明度参数，以不同程度的笔触绘制连衣裙片（图5-151）。

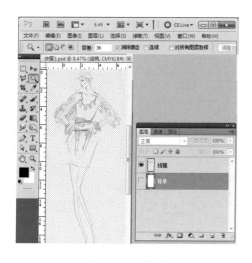

图5-146　线稿

图5-147　皮肤设色

图5-148　头发设色

图5-149　脸部细节

图 5-150　毛皮应用设计

图 5-151　服装上色

（6）应用【画笔工具】和【仿制工具】完成腰部装饰细节（图 5-152），用【涂抹工具】、【加深工具】、【减淡工具】进行毛皮处理（图 5-153），用同样方法完成其余部分毛皮装饰设计（图 5-154）。

（7）完成前胸部位褶饰，执行【编辑】/【自由变换】操作，移动旋转图标，完成效果如图 5-155

图 5-152　腰部装饰

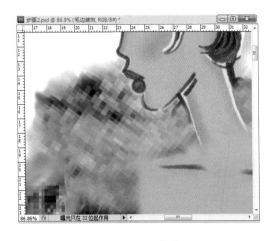

图 5-153　毛皮处理

图 5-154　毛皮装饰设计

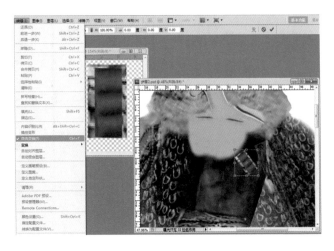

图 5-155　褶饰绘制

所示。复制、旋转，完成其他的褶饰（图5-156）。

（8）完成设计稿其他服饰配件，选取【画笔】工具绘制，根据自己想象的光源方向适当地提亮高光和加深暗部，完成设计稿与成衣效果如图5-157所示。采用同样方法完成拓展款，设计稿与成衣效果如图5-158所示。作品的概念图如图5-159所示。

图5-156　褶饰设计

图5-157　效果图与成衣

图 5-158　效果图与成衣

图 5-159　概念图

案例七、内衣外穿细节设计单品

在 Photoshop 软件中制作，整体效果如图 5-160 所示，面料如图 5-161 所示。

款式设计重点：修身、造型简约 、内衣外穿结构

关键工具与环节：钢笔工具、路径选择工具、描边路径、变换路径、定义图案

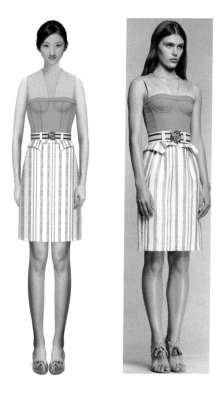

图 5-160 完成效果图及成衣

 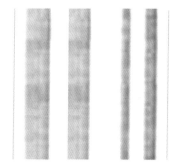

图 5-161 面料

1. 完成款式线稿设计

（1）用【钢笔工具】和【直接选择工具】完成路径绘制（图 5-162）。

（2）选择【路径选择工具】，点选绘制好的路径，按【Ctrl+C】组合键复制路径，选择【编辑】/【变换路径】/【水平翻转】，拖动复制的路径到一定位置（图 5-163）。

（3）预先设计好【画笔工具】参数如图 5-164 所示；按（1）、（2）的同样方法，应用【钢笔工具】、【直接选择工具】以及【Ctrl+C】组合键复制、【水平翻转】功能完成路径绘制。选择【路径选择工具】，按住【Shift】键选择所有路径，在下拉式命令中选择【描边路径】命令（图 5-165）。

（4）完成描边效果如图 5-166 所示。

2. 完成面料选用

（1）用矩形选框工具【选择】面料的一个单元，执行【编辑】/【定义图案】命令，完成图案定义。新建图层，选择子路径，单击右键选择填充子路径（图 5-167），选择定义好的图案完成填充，条格面料填充效果如图 5-168 所示。

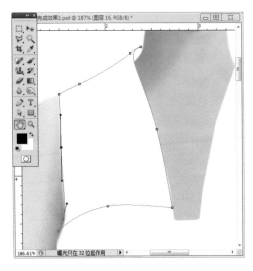

图 5-162　绘制路径

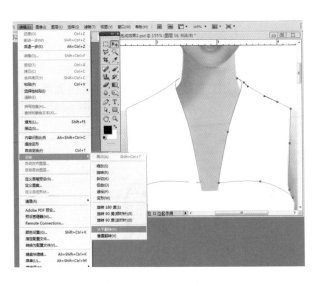

图 5-163　复制路径

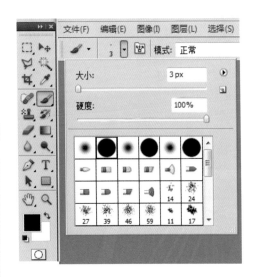

图 5-164　画笔设置

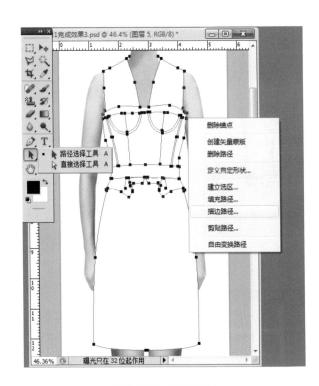

图 5-165　选择路径

（2）新建图层，一般来说，在处理新的对象时，为防止破坏其他部分，最好都要新建一个独立的图层。利用前景色填充路径，完成衣服色（图 5-169）。同样方法完成腰带部分颜色（图 5-170）。新建图层，完成裙子图案定义与填充（图 5-171）。

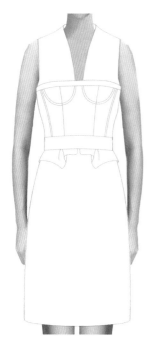

图 5-166　完成路径描边

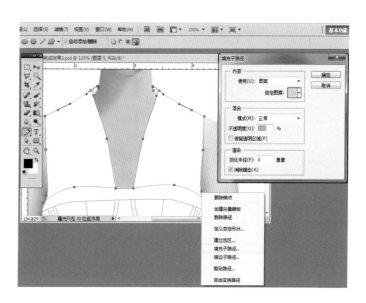

图 5-167　填充路径对话框

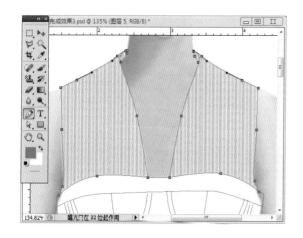

图 5-168　路径图案填充

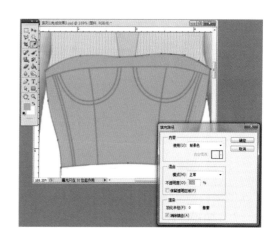

图 5-169　填充路径

（3）选择【路径选择工具】，点选绘制好的腰部装饰路径，按右键单击【建立选区】，复制面料，新建图层，执行【编辑】/【选择性粘贴】/【贴入】命令，完成效果如图 5-172 所示。继续执行【编辑】/【自由变换】命令，完成面料斜向应用效果（图 5-173）。

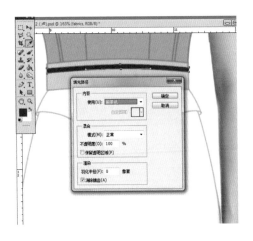

图 5-170　填充路径

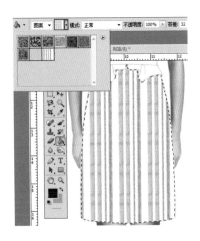

图 5-171　图案填充

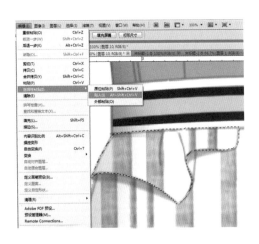

图 5-172　选择性粘贴

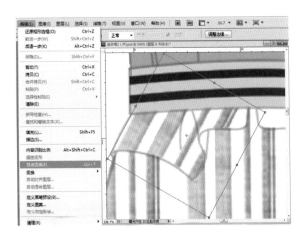

图 5-173　自由变换

3. 完成阴影设计

（1）在图层面板选择面料填充的各个图层，执行【合并图层】操作，把合并图层命名为"面料"（图 5-174）。

（2）复制面料图层，命名为"阴影"，填充灰色，然后用【橡皮】进行擦除操作完成阴影效果处理。橡皮具体参数及处理效果如图 5-175 所示。

（3）用【钢笔工具】和【直接选择工具】完成腰部阴影的路径制作，单击鼠标右键选择填充路径，在跳出的对话框中，选择 50% 灰色填充（图 5-176）。

（4）重复（2）、（3）完成整体阴影的设计（图 5-177）。最终的设计效果如图 5-178 所示。

4. 完成配饰细节

用【钢笔工具】和【直接选择工具】完成腰襻线路径绘制，执行【描边路径】命令完成腰襻

图 5-174　合并图层

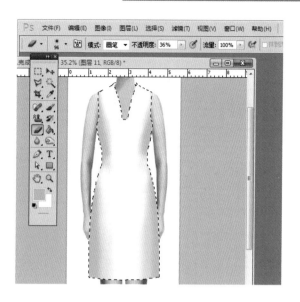

图 5-175　阴影设计

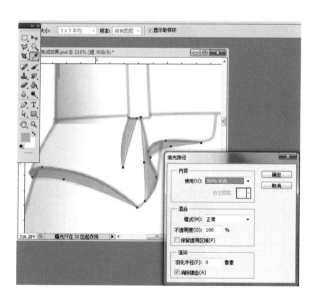

图 5-176　阴影绘制

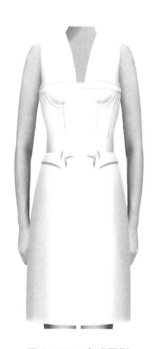

图 5-177　完成阴影

线，执行【填充路径】命令完成白色面料填充、在设计稿中放置预先配置的腰扣（图 5-179）。完成最终效果设计如图 5-180 所示。采用同样方法完成拓展款，效果图与成衣如图 5-181 所示。

图 5-178 完成效果

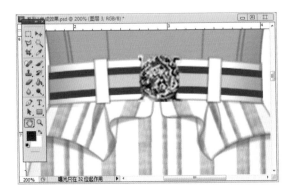

图 5-179 腰襻、扣设计

图 5-180 最终效果

图 5-181 效果图与成衣

小结：

本章对计算机辅助服装产品设计效果及系列开发进行案例实践，在服装设计中运用数字化艺术，能够从全新的视角审视服饰造型、色彩与面料，生成独具特色的式样，不断创新产品设计（图5-182，图5-183）。

数字化设计手段越来越会在多品种、小批量、短周期的产业竞争中获得优势。

图5-182　设计作品欣赏

图5-183　设计作品欣赏

参考文献

[1] 陈之戈.服装设计的计算机方法 [M].南京：江苏科学技术出版社，2005.

[2] 理查德·索格，杰妮·阿黛尔.时装设计元素 [M].北京：中国纺织出版社，2010.

[3] 艾丽诺·伦弗鲁，科林.伦弗鲁.时装设计元素：拓展系列设计 [M].北京：中国纺织出版社，2010.